中国特色学徒制试点
学徒岗位教材

焙烤食品加工学徒岗位手册

陶金华　廖　雄　主编

中国农业大学出版社
·北京·

内 容 简 介

本书按照步入企业、认识岗位、学徒岗位工作任务三个部分编写，其中学徒岗位工作任务又划分为焙烤食品生产方案编制、面包生产、蛋糕生产、西饼生产、月饼生产等学徒岗位模块。每个任务由专业知识准备、任务目标与质量要求、学习产出目标、工作程序与方法要求、业务知识、业务经验、知识拓展、工作任务实施记录与评价等部分组成，采用任务导向(任务驱动)的教学模式编写，具有较强的针对性和实用性。书中设计了详尽的"工作任务实施记录与评价单"，在学徒完成学习任务后，对学徒学习成果产出进行科学、充分、有效的评价，提高学徒的职业素质和解决实际问题的能力。

图书在版编目(CIP)数据

焙烤食品加工学徒岗位手册/陶金华，廖雄主编. —北京：中国农业大学出版社，2024.2

ISBN 978-7-5655-3164-4

Ⅰ.①焙… Ⅱ.①陶… ②廖… Ⅲ.①焙烤食品-食品加工-职业培训-手册 Ⅳ.①TS213.2-62

中国国家版本馆 CIP 数据核字(2024)第 036593 号

书　　名 焙烤食品加工学徒岗位手册
Beikao Shipin Jiagong Xuetu Gangwei Shouce

作　　者 陶金华　廖　雄　主编

策划编辑 张　玉　　**责任编辑** 张　玉　刘艳君
封面设计 李尘工作室
出版发行 中国农业大学出版社
社　　址 北京市海淀区圆明园西路 2 号　　**邮政编码** 100193
电　　话 发行部 010-62733489,1190　　读者服务部 010-62732336
编辑部 010-62732617,2618　　出　版　部 010-62733440
网　　址 http://www.caupress.cn　　**E-mail** cbsszs@cau.edu.cn
经　　销 新华书店
印　　刷 运河(唐山)印务有限公司
版　　次 2024 年 2 月第 1 版　　2024 年 2 月第 1 次印刷
规　　格 185 mm×260 mm　　16 开本　　13.5 印张　　337 千字
定　　价 42.00 元

编写人员

主　编　陶金华　新疆农业职业技术学院

　　　　廖　雄　新疆心岸食品有限公司

副主编　董自红　新疆农业职业技术学院

　　　　周　勇　新疆农业职业技术学院

参　编　党建磊　新疆农业职业技术学院

　　　　张　训　新疆昌吉葡萄树食品公司

前　言

“焙烤食品加工”是高职食品加工类专业的一门重要的专业课程。本手册以高等职业教育学徒培养的目标为定位，以培养可独立承担焙烤食品行业内具体工作的实用性人才为目的组织教材内容。

党的二十大报告提出“推进职普融通、产教融合、科教融合，优化职业教育类型定位”，再次明确了职业教育的发展方向。本手册为了适应近几年高职现代学徒制培养模式改革，在内容的选择和组织上以工作过程形式编排，将步入企业和对学徒岗位的认识纳入其中，以学徒的认知规律和职业能力形成为主线，以工作任务为载体，将工作程序与方法要求单独提炼出来，辅以对应的业务知识、业务经验和案例分析，每一部分都有工作记录单。另外，对行业内典型人物的介绍也是本书的特色。将职业素质的培养贯穿在学徒培养的全过程是现代学徒培养的一个重要特点。

融入思政元素，彰显了时代性，使学徒的学习既有明确的知识目标，又有针对性的技能目标和素质目标。将理论知识和实际很好地结合，既提高了学徒解决实际问题的能力，又提高了学徒的职业素质。

本教材共分为三部分，第一部分步入企业，由陶金华、廖雄编写；第二部分认识岗位，由周勇编写；第三部分共 5 个学习任务，任务 1 由周勇、廖雄编写，任务 2、3 由陶金华和张训编写，任务 5 由董自红、张训编写。附录 1、2 由陶金华、党建磊编写，附录 3、4 由董自红编写。陶金华、廖雄负责全书统稿。

教材编写中参考了很多相关文献资料，在此向参与教材编写的工作人员表示由衷的感谢。

在教材编写过程中，编者都做出较大努力，但由于水平和时间所限，书中不妥之处敬请广大读者提出宝贵的意见。

编　者

2023 年 7 月

目　录

第一部分

The first part

步入企业

入职培训专题1

我国焙烤食品行业发展机遇与挑战

第一节　我国焙烤食品行业发展与地位

一、 行业概况

焙烤食品通常包括四大类：面包、蛋糕、糕点和其他混合点心。焙烤食品为我国休闲食品行业第一大品类，且增速快、行业集中度低，发展空间大。面包行业稳健扩容，短期呈现结构性变化，糕点及蛋糕制品行业存量和增量都很可观。

2000年后，随着我国人均消费水平的增长、餐饮消费结构的调整以及生活节奏的变化，具备营养健康、快捷多样等优点的焙烤食品在我国步入了高速增长的时期。自2015年以来，中国焙烤企业注册数量急速上涨，并于2019年突破3万家。2021年中国焙烤市场规模达到5 232亿元，相较于2020年的4 957亿元，上涨了5.5%。

焙烤食品行业具有以下一些特征和变化趋势：

（1）行业集中度低　目前我国焙烤市场的行业集中度非常低，绝大多数烘焙企业属于特定区域内的中小企业，规模小且专业技术水平参差不齐。

（2）行业周期性明显　焙烤的消费市场受节假日、季节性等因素影响较为明显，从多个企业的实际经营来看，第一季度销售量普遍较低，第四季度较高。月饼等节日性产品周期性更为明显，主要销售集中在中秋节、端午节前后。

（3）专业化趋势明显　近些年随着企业对食品安全的逐渐重视，国家和行业标准逐渐完善，一些优秀的焙烤企业在原料、辅料、添加剂的选择方面也提出了更高要求，焙烤企业的生产专业性明显提升。

（4）品牌优势凸显　近年来，一些知名的烘焙企业进入市场，在品质、营销以及服务方面的优势也带动了焙烤行业的升级。企业的品牌意识在不断增强，消费者对于品牌的认可度也在不断提升，产业正在升级。

（5）销售渠道拓展明显　随着国民收入水平的不断提升，消费者对于现烤产品更为青睐，因此，现烤食品越来越受到商超等渠道的青睐，线下渠道就有专门的焙烤展台。焙烤食品的销售渠道由过去单一的以焙烤店为主，逐渐发展成焙烤店、商超、饮品店以及线上渠道等并行的局面。线上电商渠道与外卖平台的崛起，进一步拓宽了焙烤类食品的消费渠道，让焙烤食品有了更多的消费场景。

（6）焙烤产业升级趋势　当前，焙烤行业也在进行消费升级，主要体现在产品本身的升级与“产品＋”的升级两方面。产品本身的升级：从传统的面包到日式面包到软欧包，口感、体验在不断升级，面包的单价相应逐步提升。“产品＋”的升级：焙烤类食品消费者正从单一的早餐消费需求，逐步向社交、表达等方面的需求升级。

二、　产业链

焙烤类食品产业链上游包括面粉、油脂、水果等农产品及其初加工品，以及奶油、水果制品、酵母等辅料。

焙烤类食品产业链中游包括中央工厂和焙烤店两类，中央工厂可批量生产冷冻焙烤半成品、冷冻焙烤成品或焙烤成品，部分焙烤店为前店后厂的手工作坊，生产与销售均在店内完成，不依赖大型中央工厂。

焙烤产业链下游是各类销售终端及消费者。销售终端主要有焙烤店、商超、餐饮、电商等，将采购的半成品加工成成品或者将自产及采购的成品直接销售给消费者。图1-1为焙烤行业产业链示意图。

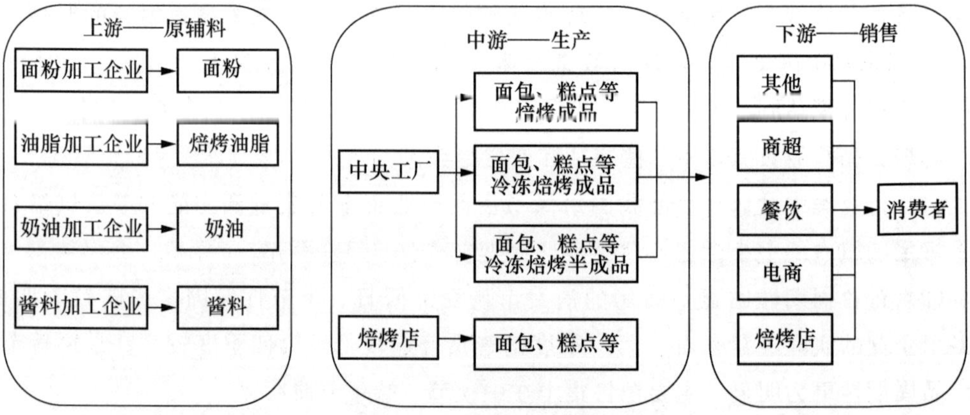

图1-1　焙烤行业产业链示意图

三、 所处行业的上下游关系

焙烤食品工业中生产企业通过一系列复杂的工艺将面粉、砂糖、食用油、鸡蛋、奶油等原材料加工为焙烤食品，并通过焙烤门店和商超等渠道向消费者销售。

焙烤食品企业关系如图 1-2 所示。

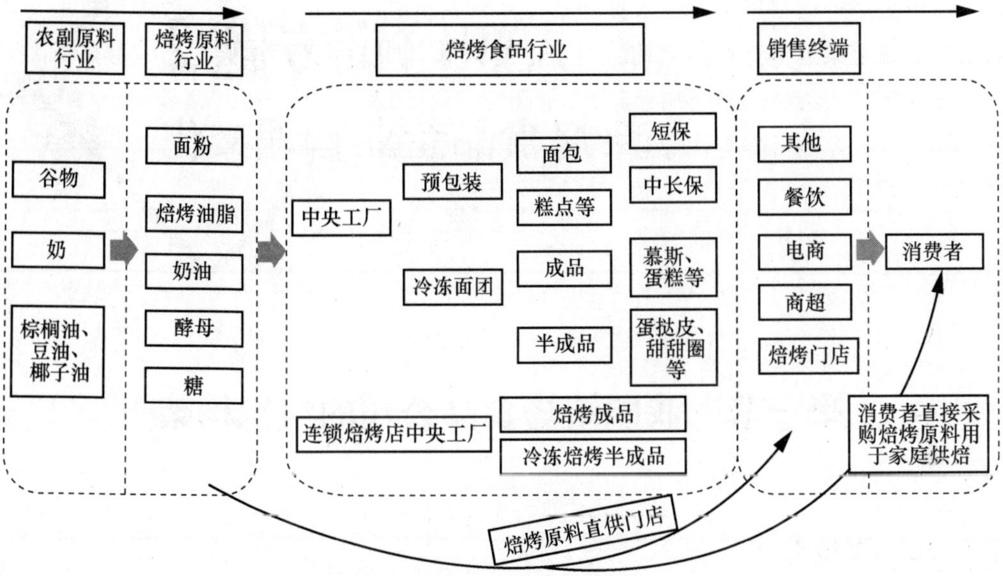

图 1-2 焙烤食品企业关系

1. 与上游行业关系

焙烤食品生产所需的原材料主要为面粉、鸡蛋、糖、油等。农产品的供应量及价格将直接影响焙烤企业的生产成本，而植物生长环境的变化则会影响原材料的质量，进而影响焙烤产品的品质。因此，农业及农产品加工行业的稳定发展，是焙烤食品行业健康发展的基础。

2. 与下游行业关系

焙烤食品行业属于大众消费行业，下游主要是焙烤门店和商超。焙烤食品企业生产的产品通过自营或加盟的焙烤连锁门店、第三方商超等渠道销售给消费者。因此焙烤企业自身的连锁门店数量和管理模式以及第三方商超的数量和分布，会影响到焙烤食品企业的产品营销。

入职培训专题2

焙烤食品企业管理文化

第一节　我国焙烤食品公司的组织构架

一、　岗位分工

规模化的焙烤生产企业、面包房、饼食工厂的岗位都有分工，职责明确，工效显著；小规模的面包店一般分工不细。焙烤食品生产企业的岗位可以按照工种分，也可按照职务分。焙烤食品公司基本组织架构如图 1-3 所示。

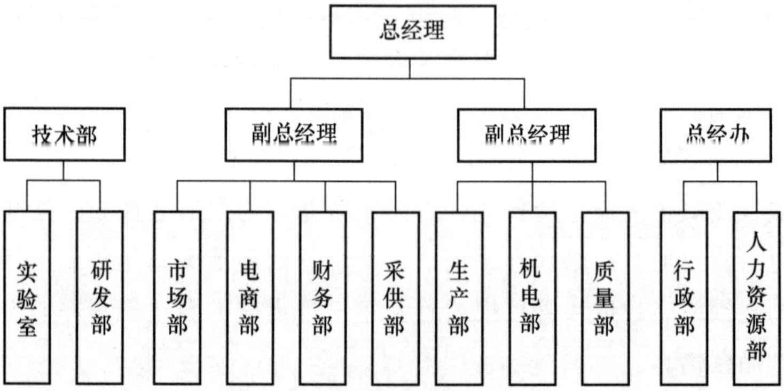

图 1-3　焙烤食品公司基本组织架构

1. 依工种分

（1）称量工　掌握原料配方，负责从仓库领料，按生产任务把原料准确过磅分派下去。

（2）和面工　负责搅拌、发酵、压面等整个面团（面糊）制作工作。

（3）成型工　负责面团分割、搓团、成型、送入醒发室。

（4）烘烤工　负责从醒发室取出面团至烘烤出炉。

（5）裱花工　负责蛋糕裱花。

（6）制馅工　负责煮制豆沙、奶黄等馅料。

（7）包装工　负责包装、成品点数。

（8）电工　负责电路、电器、机械维修。

（9）清洁工　负责清洗面包箱、场地等。

2. 依职务分

（1）主管　负责面包房（饼房）的全面工作。对员工开展培训，提高他们的工作意识、工作能力、烘焙技能。负责组织原材料采购；负责产品供应；负责产品质量；承担食品卫生监督责任；对部属考勤、考绩、执行奖惩制度等。

担任主管的人必须精通焙烤技术，既懂理论又懂实际，能不断根据市场变化开发新产品。要了解各种原材料的产地、特点、价格，懂得成本核算；要懂得《食品卫生法》，要有较强的管理意识和管理经验，有较强的组织策划能力；要作风正派，能成为部属的表率。主管素质的高低对企业兴旺与否有极其重要的作用。

（2）班长　负责本班的全部工作。直接参加劳动，以自己纯熟的技能带动本班人员努力完成生产任务；对本班工作人员考勤、考绩，根据工作人员的表现向主管提出奖惩意见；负责与其他工种协调。

班长是焙烤生产中的高级技工，要有丰富的生产经验，不但要精通岗位工艺，还要熟悉烘焙生产的全过程。要有良好的组织能力和管理能力。要善于学习，不要故步自封。

（3）生产工人　生产工人要做到努力工作，按时上下班，完成本职生产任务；讲究个人卫生，注意生产过程卫生，下班时做好清洁工作；懂得安全生产知识，防止生产事故；尊重师傅，虚心向师傅学艺；与工友团结友爱。

二、管理层次的确定

小规模的生产部门实行二级管理，即主管下辖生产班组。大规模的生产部门班组数较多，管理幅度较大，就要实行三级管理，即主管下辖车间，车间设车间主任，车间下辖班组。

通常每个生产班组 3～12 人为宜，人数太多班长不好管理。但如果班长管理能力强，或者工种比较单一，操作指挥比较集中，这时班组人数可以多一点。车间比班组的管理幅度要窄一些，主管对车间的管理幅度更要窄一些。管理层次及对应的管理幅度呈一个三角形。见图 1-4。

管理幅度适当、管理层次分明，是实施有效管理的重要条件。

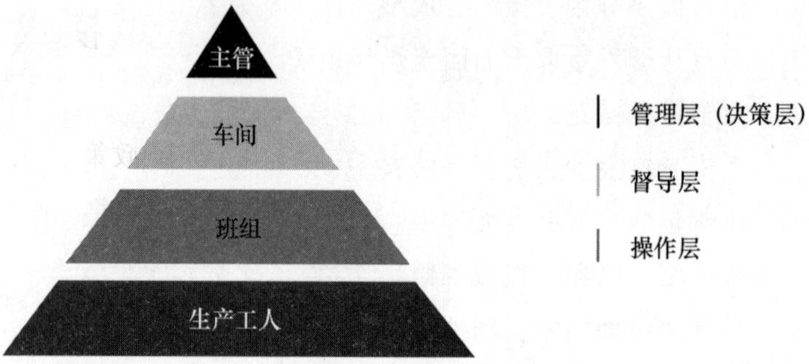

图 1-4　企业三级管理层次图

三、岗位责任制

岗位责任制是企业中按照工作岗位所规定的人员岗位职责、作业标准（操作要求）、工作量、协作要求等制定的责任制度，是岗位工作规范的具体体现。

企业岗位责任制，是一个完整的体系，它包括企业领导人的岗位责任制、各部门主管和技术人员的岗位责任制及各生产、服务人员的岗位责任制。

岗位责任制是企业组织管理的基础工作之一。

建立岗位责任制，就是把生产任务和管理工作的有关规定和要求具体落实到每个职工，使每个职工都明确自己所担负的工作任务、应负的责任以及所拥有的相应权利；建立岗位责任制就是要有职、有权、有责，并对所有人完成任务、履行职责的情况进行认真的考核，做到事事有人管、人人有专责、办事有标准、工作有检查。岗位责任制一般应有下述内容：

①岗位名称，上下级领导关系。

②本岗位的责任义务和职责范围。

③本岗位的工作量（工作数量和工作时间）。

④本岗位的服务质量标准和工作质量标准。

⑤交接班的内容、程序和制度。

⑥对设备的使用、维护和保养。

⑦对物资的保管和使用。

⑧安全生产的要求和制度。

岗位责任制的检查考核要与经济责任制的检查考核结合起来，而重点在于对每个人的考核，既要能反映每个员工的情况，还要反映各岗位连续运转的情况。

企业建立和健全岗位责任制，必须实事求是，从企业本身的实际情况出发。

岗位责任制要力求简明扼要，准确易懂，便于执行，便于考核。

第二节　我国焙烤食品公司的经营模式

焙烤食品公司采用的经营模式是综合考虑行业相关规定及政策、行业特点、行业产业链状况以及公司具体产品情况、供应商关系、客户类型等关键因素后确定的。焙烤食品公司根据自身多年的经营管理经验，结合现阶段发展及经营状况，形成现有的经营模式，主要包括采购模式、生产模式、销售模式和仓储及物流模式。

1. 采购模式

公司采购的主要原材料有面粉、油脂、糖类、水果等。公司建立了供应商考核和管理体系，对新的原材料出现需求时，公司会对几家供应商同时进行考察。采购请购业务流程如图 1-5 所示。当需要新增供应商时，公司将供应商提供的小样送质量中心进行检测，判断是否满足生产标准，同时对供应商相关业务资质、产品质量标准进行审查，并进行现场考察，包括供应商生产及仓储环境、工厂设备及过程管理文件等，确定合格供应商清单。

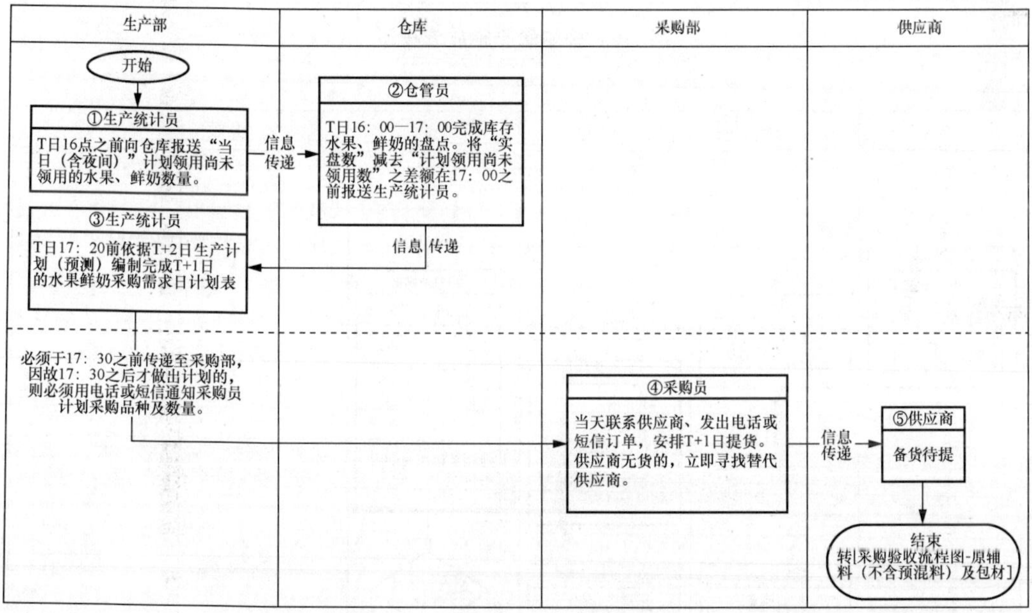

图 1-5　采购请购业务流程（时鲜类）

常规的原料采购按照图 1-6 采购验收特放流程图；质检不合格物资信息采取图 1-7 所示的流转流程进行处理。

公司每年还会对合格供应商清单中的供应商进行 1～2 次的再评估，对得分较低的供应商进行辅导整改，整改后仍不合格则淘汰出合格供应商体系。公司原材料采购由采购部负责，根据具体生产情况进行采购。每月底，公司制订下个月的生产计划，并

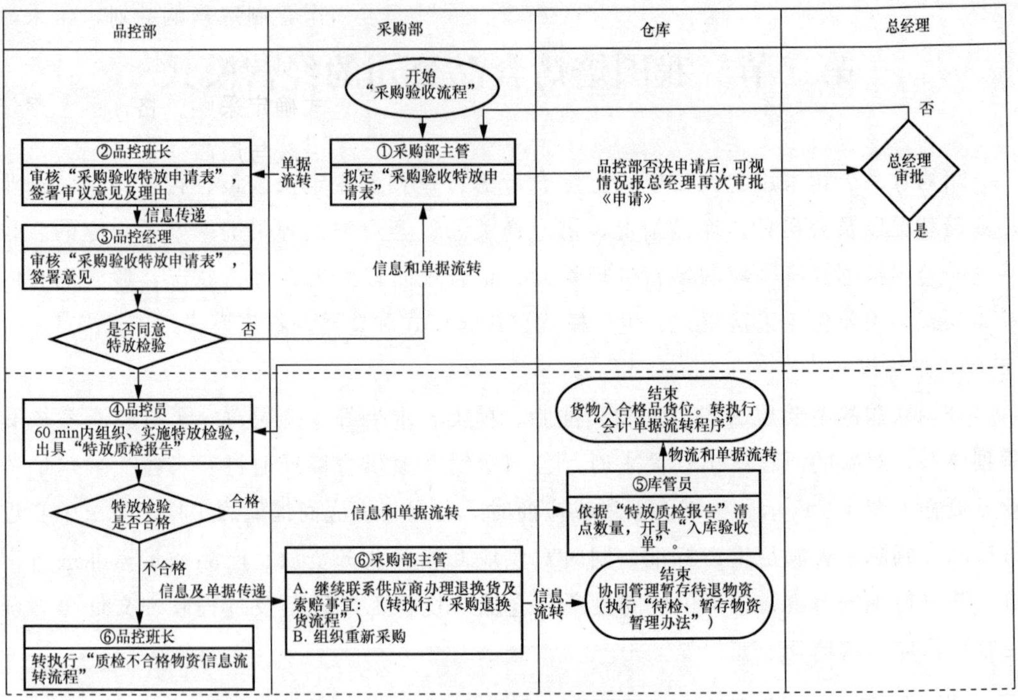

图 1-6　采购验收特放流程图

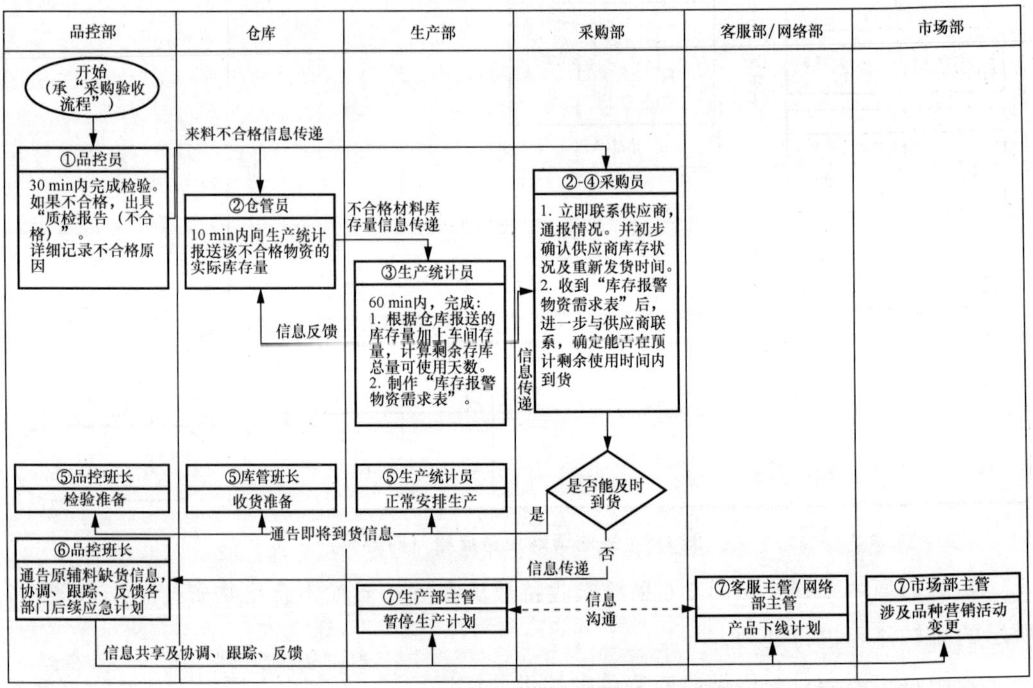

图 1-7　质检不合格物资信息流转流程

根据生产计划，结合公司原材料需求和原材料周转率等情况，制定采购计划，由采购部组织进行采购。公司还会定期根据实际原材料库存情况，调整采购计划。

在原材料采购价格方面，公司主要通过询价对比的方式确定采购价格，也正逐步通过邀请招标等方式来进行定价。对部分定制原料，公司一般与厂商通过协商谈判的方式确定采购价格。对面粉、油脂、糖类等主要原材料和大宗原料，公司会结合市场行情，对预计价格上涨的原材料与供应商提前达成协议，确定接下来几个月的采购价格，分批进行采购。除采购原材料外，为丰富公司产品结构，公司还直接采购部分成品进行销售，公司主要根据销售部门的销售预测数据，制订采购计划，其中部分境外采购通过进口代理商进行。

2. 生产模式（中央工厂的生产模式）

烘焙食品公司主要进行自主生产，公司每月底根据销售部门对下月的销售预测数据，结合实际库存情况和历史经验，在满足安全库存的基础上，制定下个月的生产计划。

公司每周会根据月生产计划和实际销售情况，对月生产计划进行调整，制定下周的具体生产计划，并以此安排生产人员的排班。除自主生产外，公司还存在少量对非主要产品实行的外协生产。公司外协生产包括外协贴牌和委托加工两种形式，且以外协贴牌为主，公司通过外协贴牌生产的方式可以迅速补充配套产品的品类。

3. 销售模式

由于公司终端客户以焙烤行业广泛存在的焙烤门店为主，该类终端客户的单店规模较小且分布较零散，因此公司销售模式以经销模式为主，直销模式为辅，并补充少量线上电商及线下零售业务。

在营销渠道上，公司建立了覆盖焙烤店、饮品店、商超、餐饮、便利店等多样化的销售渠道。在定价政策上，公司一般综合考虑产品成本及市场供求情况进行定价。公司建立了扁平化的经销商管理模式，经销商直接与公司签订经销协议。公司向经销商的销售均为买断式销售，即公司产品向经销商销售后，产品的所有权及主要风险和报酬已转移至经销商，经销商参考公司指导价自行销售。大量终端客户具有分布分散、单次采购量小、配送时效性要求高的特点，公司通过经销模式可以借助经销商已有的销售网络，提高销售效率，实现市场的全面覆盖；同时公司与经销商一同对终端客户进行技术服务，快速响应终端客户需求，协助终端客户设计产品、推广方案。

公司直销模式是指公司对终端客户直接进行销售，直销客户主要为大型连锁烘焙店、商超、餐饮等客户。此外，公司存在少量零售业务，包括线上电商与线下零售。

第三节　焙烤食品公司的管理文化总则

第一条　为了加强管理，完善各项工作制度，促进公司发展壮大，提高经济效益，根据国家有关法律、法规及公司章程的规定，特制订本管理细则。

第二条 公司全体员工都必须遵守公司章程，遵守公司的规章制度和各项决定、纪律。

第三条 公司的财产属股东所有。公司禁止任何组织、个人利用任何手段侵占或破坏公司财产。

第四条 公司禁止任何所属机构、个人损害公司的形象、声誉。

第五条 公司禁止任何所属机构、个人为小集体、个人利益而损害公司利益或破坏公司发展。

第六条 公司通过发挥全体员工的积极性、创造性和提高全体员工的技术、管理、经营水平，不断完善公司的经营管理体系，实行多种形式的责任制，不断壮大公司实力和提高经济效益。

第七条 公司提倡全体员工刻苦学习科学技术文化知识，并为员工提供学习、深造的条件和机会，努力提高员工的素质和水平，造就一支思想和业务过硬的员工队伍。

第八条 公司鼓励员工发挥才能，多做贡献。对有突出贡献者，公司予以奖励、表彰。

第九条 公司为员工提供平等的竞争环境和晋升机会，鼓励员工积极向上。

第十条 公司倡导员工团结互助，同舟共济，发扬集体合作和集体创造精神。

第十一条 公司鼓励员工积极参与公司的决策和管理，欢迎员工就公司事务及发展提出合理化建议，对做出贡献者予以奖励、表彰。

第十二条 公司尊重知识分子的辛勤劳动，为其创造良好的工作条件，提供应有的待遇。

第十三条 公司为员工提供收入、住房和福利保证，并随着经济效益的提高而提高员工各方面的待遇。

第十四条 公司实行“按劳取酬”“多劳多得”的分配制度。

第十五条 公司推行岗位责任制，实行考勤、考核制度，要求端正工作作风和提高工作效率，反对办事拖拉和不负责任的工作态度。

第十六条 公司提倡厉行节约，反对铺张浪费；鼓励降低消耗，增加收入，提高效益。

第十七条 维护公司纪律，对任何人违反公司章程和各项制度的行为，都要予以追究。

第二部分

认识岗位

The second part

The second part
The second part
The second part

入职培训专题3

认识学徒业务岗位

食品智能加工技术专业以校企双重主体育人为根本，以“学生”“学徒”双重身份为保证，以岗位成才为路径，培养拥护党的方针政策，政治思想坚定，德技并修，全面发展的学徒。在教学过程中由学校焙烤专业骨干教师与企业技术能手共同打造“双导师”专业教学团队，课程设置以理论学习、实践教学为主，充分发挥学校的教育资源优势，实践教学以企业真实生产环境为参照，让学徒在做中学、学中做，真正融入职业环境中，掌握烘焙食品加工技术必要的理论基础，熟练的操作技能以及烘焙行业中的新技术、新工艺、新规范和技术创新的主流方向，达到国家职业资格标准，具有良好的职业道德、人文素养和法治观念，具备创新意识和成果转化能力。

1. 焙烤食品加工学徒岗位标准（详见附录1）。
2. 焙烤食品加工学徒专业学徒岗位课程标准（详见附录2）。
3. 焙烤食品加工学徒师傅聘任标准与教学指导工作规范（详见附录3）。
4. 焙烤食品加工学徒岗学徒选拔标准与学习守则（详见附录4）。

入职培训专题4
岗位工作技术设备与安全生产

一、 焙烤食品加工岗位工作技术常用设备与器具

制作焙烤食品所需的常用设备有和面设备、发酵设备、面团切块机、面团揉圆机、面包成形机、烘焙设备和面包切片机等；常用的器具有烤盘、成型模具、刀具、印模、花边刀、裱花嘴、转台、筛子、锅、擀面杖、木柄勺、打蛋器、刷子、金属架、称量器具、操作台等。

（一）焙烤食品加工常用设备

1. 烘烤设备

烤炉又称烤箱，是生产焙烤食品的关键设备之一。糕点成型后经过烘烤、成熟上色后便可制成成品。烤炉的样式很多，按热量来源分为电烤炉和煤气烤炉两大类；从烘烤原理来分有对流式和辐射式两种；从构造上分有单层、双层、二层等组合式烤炉，还有隧道平台式、链条传递式、立体旋转式烤炉等，形式多样，各有特点。

（1）电烤炉　目前国内通常使用的是双层或三层组合式电器烤炉。这种烤炉每一层都是一个独立的工作单元，分上火和下火两部分，由外壳、电炉丝（红外线管）、热能控制开关、炉内温度指示器等构件组成。高级的电烤炉，还配有蒸汽喷发器、定时器、报警器等设施。电烤炉的工作原理，主要是通过电能的红外线辐射能、炉膛热空气的对流以及炉膛内钢板的热能传导三种热传递方式将食品烘烤上色。在烘烤食品时，一般要将烤炉上、下火打开预热到炉内温度适宜时，再将成型的食品放入烘烤。如图2-1为层炉、图2-2为旋转炉、图2-3为隧道炉。

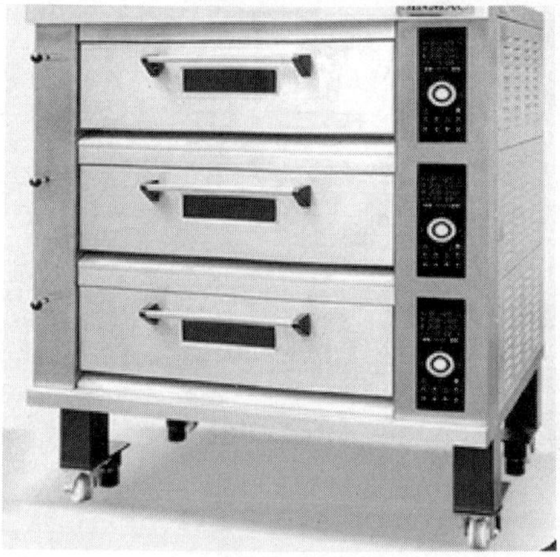

图 2-1 层炉

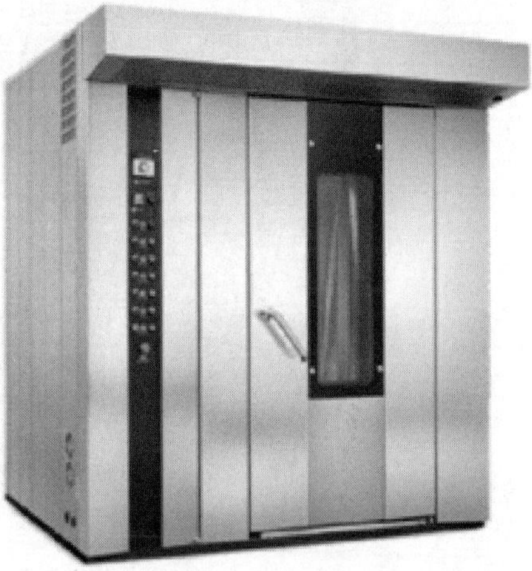

图 2-2 旋转炉

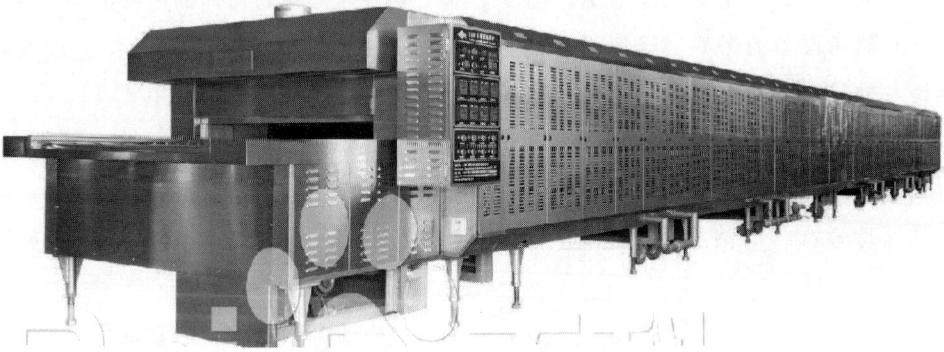

图 2-3 隧道炉

(2) 煤气烤炉 煤气烤炉一般在底部和两边有燃烧煤气的装置，自动打火，温度调节在烤炉旁边，工作原理同电烤炉。

(3) 微波炉 微波炉是一种极其方便的烘烤设备，如图 2-4 所示。它的工作原理主要是通电后将电能转化为微波能量，然后透过炉身的开口将微波传送到食品，使食品内部分子来回剧烈运动，分子运动使食品内部产生大量热能，食品迅速受热膨胀。微波最先渗透到食品内部，食品内部最先成熟，然后逐步向外扩散。

(4) 焙烤设备的使用 焙烤是一项技术性较强的工作，操作者必须认真了解和掌握各类烤箱的特点和性能。尽管制作中西点的烤箱种类较多，但基本操作大致相同。主要包括以下步骤：

①新烤箱在使用前应详读使用说明书，以免使用不当出现事故；

②食品烘烤前烤箱必须预热，待温度达到工艺要求后方可进行烘烤；

③温度确定后，要根据某种食品的工艺要求合理选择烘烤时间；

④在烘烤过程中，要随时检查温度情况和制品的外表变化，及时进行温度调整；

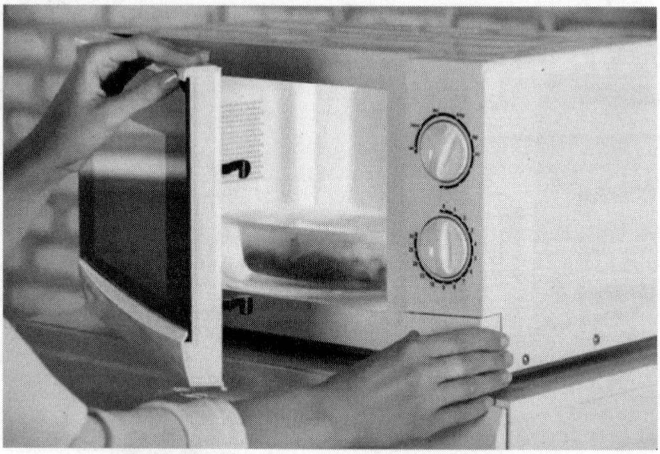

图 2-4　微波炉

⑤烤箱使用后应立即关掉电源，温度下降后要将残留在烤箱内的污物清理干净。

（5）焙烤设备的保养　焙烤设备的保养可以延长设备的使用寿命，保证设备的正常运行，而且对产品质量的稳定运行具有重要意义。焙烤设备的保养主要有以下三点：

①经常保持烤箱的清洁，清洗时不宜用水，以防触电，最好用厨具清洗剂擦洗。但对里衬是铝制材料的烤箱不能用清洗剂擦洗，更不能用利器铲刮污物。

②保持烤具的清洁卫生，清洗过的烤具要擦干，不可将潮湿的烤具直接放入烤箱内。

③长期停用的烤箱，应将内、外擦洗干净后，用防尘罩罩好，放在通风干燥处。

2. 机械设备

机械设备不仅能降低生产者的劳动强度，稳定产品质量，还有利于提高劳动生产率，便于大规模生产。

（1）和面机　和面机用来调制黏度极高的浆体或弹塑性固体等各种不同性质的面团。和面机调制面团的基本过程是：将各种原辅料倒入搅拌器内，转动开关，搅拌桨开始运动，搅拌桨的主要作用是快速有效地将各种材料混合均匀，在搅拌的同时，由于搅拌机的转动，面粉与水结合，先形成不规则的小面团，进而形成大面团，受到搅拌桨的剪切、折叠、压延、拉伸、拌打和摔揉，面团面筋被搅拌至扩展阶段，成为具有弹性、韧性和延伸性的理想面团。

和面机常见的有立式和卧式两种。立式和面机如图 2-5 所示，处理能力为半包粉、一包粉、两包粉、三包粉等。

（2）打蛋机　打蛋机也称搅拌机，如图 2-6 所示。这种搅拌机在搅拌操作上变化较多，它装有不同的搅拌桨，用于不同种类的产品，可用于搅打各种黏稠性浆液和硬质面团。搅拌桨有三种形式：第一种是钩状搅拌桨，主要用于面包搅拌制作；第二种是桨状搅拌桨，主要用于面糊类蛋糕、西点的搅拌；第三种是钢丝搅拌浆，主要用于乳沫类蛋糕、霜式制品等搅拌。打蛋机一般为直立式打蛋机，分三段变速。

图 2-5　立式和面机

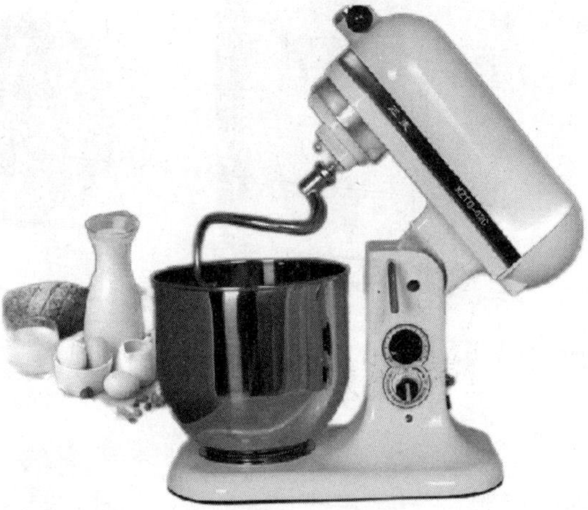

图 2-6　打蛋机

搅拌机操作时，通过搅拌桨高速旋转，强制搅打让被调和物料充分接触，从而实现对物料的混匀、乳化、充气等作用。处理能力为 1 L、10 L、20 L、30 L、40 L、60 L 等。

（3）分割机　分割机的主要作用是能自动而精确地将发酵面团按照它的体积分割成一定大小的面团，如图 2-7 所示，在分割过程中，分割速度对面团和机器都有影响，分割速度太慢，面团发黏易被夹住，而且温度容易上升，导致产品品质不规则。如果分割速度太快，不但会导致机器寿命缩短，而且还会破坏面团组织结构。

（4）搓圆机　搓圆机如图 2-8 所示，其主要作用是将由分割机分割出来的面团搓转成外观整齐、表面平滑、形状和密度一致的小圆球。经分割机分割的面团，由于受机械的挤压作用，其内部已失去一部分二氧化碳，外观形态不整齐。因此，使用搓圆机具有使切割后的面团表面光滑、保住气体的作用。

（5）辊压机　又称开酥机，如图 2-9 所示。其主要作用是将面团轧成多层次的薄片，使面皮酥软均匀，用于制作丹麦面包、糕点的面皮起酥等。

（6）机械设备的使用与保养

①设备使用前要了解设备的机械性能、工作原理和操作规程，严格按规程操作。一般情况下都要进行试机，检查设备运转是否正常。

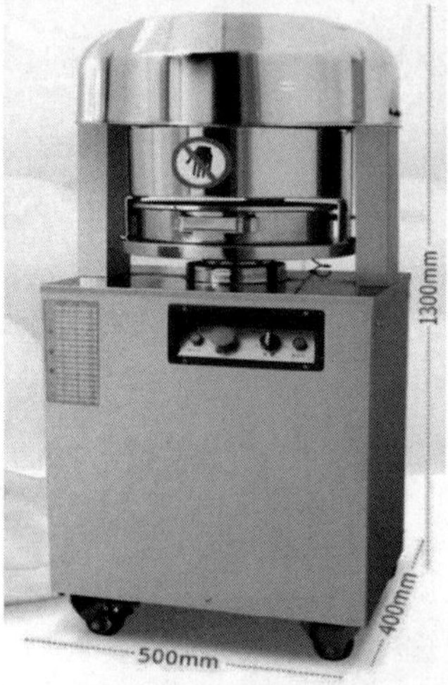

图 2-7　分割机

图 2-8　搓圆机

图 2-9　辊压机

②机械设备不能超负荷使用，应尽量避免长时间不停地运转。

③有变速箱的设备应及时补充润滑油，保持一定的油量，以减少摩擦，避免齿轮磨损。

④设备运转过程中不可强行搬动变速手柄，改变转速，否则会损坏变速装置或传动部件。

⑤要定期对主要部件、易损部件、电动机传动装置进行维修检查。

⑥经常保持机械设备清洁，机械外部可用弱碱性温水进行擦洗，清洗时要断开电源和防止电动机受潮。

⑦设备运转过程中发现或听到异常声音时应立即停机检查，排除故障后再继续操作。

3. 恒温设备

恒温设备是制作中西点面包时不可缺少的设备，主要用于原料和食品的发酵、冷藏和冷冻。常用的有发酵箱、电冰箱、电冰柜等。

（1）发酵箱 发酵箱型号很多，大小也不尽相同，如图 2-10 所示。发酵箱的箱体大都是不锈钢制成的，由密封的外框、活动门、不锈钢管托架、电源控制开关、水槽和湿度调节器等部件组成。发酵箱的工作原理是电热丝将水槽内的水加热蒸发，使面团在一定的温度和湿度下充分地发酵、膨胀。发酵面团时，一般要先将发酵箱调节到理想的温度和湿度后方可进行发酵。发酵箱在使用时水槽内不可无水干烧，否则设备会遭到严重的损坏。发酵箱要经常保持内外清洁，水槽要经常用除垢剂进行清洗。

图 2-10 发酵箱

（2）电冰箱、电冰柜 如图 2-11 所示，其主要用途是冷冻面团，使面团和辅料达到同一温度，便于操作。

图 2-11 电冰箱、电冰柜

电冰箱是现代中西点制作的主要设备。按构造分为直冷式冰箱和风冷式冰箱，按用途分类还有保鲜冰箱和低温冷冻冰箱。无论哪种冰箱都是由制冷机、密封保温外壳、门、橡胶密封条、可移动货架和温度调节器等部件构成的。风冷式冰箱有不结霜、易清理等优点，冰箱内的温度比直冷式要低。保鲜冰箱通常用来存放熟食和食物原料，低温冷冻冰箱一般用来存放需要冷冻的原料和熟食。

电冰箱应放置在空气流通处，箱体四周至少留有 10～15 cm 的间隙，以便通风降温。冰箱内存放的东西不宜过多，存放时要生熟分开，堆放的食品要留有空隙，以保持冷气畅通。食品放凉后方可放入冰箱，要尽量减少冰箱门的开关次数。关门时必须关紧，以使内外隔绝，保持箱内的低温状态。除此之外冰箱在使用过程中，还应做好以下日常保养工作：

①要及时清除蒸发器上的结霜，结霜厚度达到 4～6 mm 时就要除霜。除霜时要断开电源，把存放在冰箱内的食品拿出来，让结霜自动融化。

②冰箱制冷系统管道很长，有些细管外径只有 1.2 mm。拆装或搬运时不慎碰撞，可能造成管道破损、开裂，使制冷剂泄漏或电气系统出现故障。冰箱制冷达不到要求大多是由制冷剂泄漏引起的，因此要经常对冰箱管道进行检查，发现问题要请专业人员进行维修检查。

③冰箱在运行中不得频繁切断电源，这样会使压缩机严重超载，造成压缩泵机械的损坏与驱动电机损坏。

④电冰箱停用时要切断电源，取出冰箱内食品，融化霜层，并将冰箱内外擦洗干净，风干后将冰箱门微开，用防尘罩罩好，放在通风干燥处。

（二）焙烤食品加工常用器具

1. 搅拌工具

（1）搅拌盆　分大、中、小三种型号，可配套使用。形状为圆口圆底，底部无棱角，便于均匀地调拌原料或调拌各种面点的配料，一般由不锈钢制成。如图 2-12 所示。

（2）打蛋器　又称起泡器或抽子。它由钢丝捆扎在一起制成，规格大小不一，具有轻巧灵便的特点。打蛋器是用于搅打蛋液、搅打奶油等的常用工具。如图 2-13 所示。

（3）搅板　又称木勺或榴板。前端呈勺形、方形或圆形，柄较长，以木质或塑料制成，有大小之分。用于搅拌面粉和各种馅料。如图 2-14 所示。

2. 定型工具

（1）抹刀　抹刀又称点心刀，用薄不锈钢片制成。刀片韧性好，无锋刃，刀柄有木柄的和塑料柄的。用于涂抹奶油、馅料或其他装饰材料。如图 2-15 所示。

（2）刮刀　刮刀又称刮板，用不锈钢或塑料制成，有长方形、半圆形等。主要用于切面团、清理台面、铲刮面团等。如图 2-16 所示。

图 2-12　搅拌盆

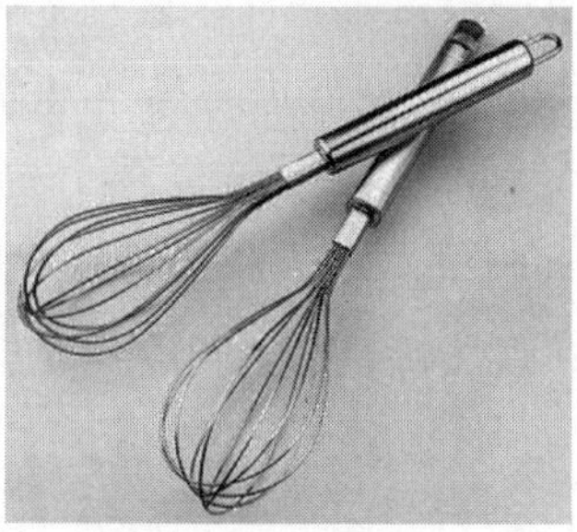

图 2-13　打蛋器

图 2-14　搅板

(3) 锯齿刀　锯齿刀又称西点刀，此刀一端有锋利的锯齿，多用来切割面包、蛋糕。如图 2-17 所示。

(4) 滚刀　滚刀又称轮刀，通常由不锈钢制成，配有木柄或塑料柄。滚刀有单轮滚刀、组合滚刀和打网花刀。如图 2-18 所示。

图 2-15　抹刀

图 2-16　刮刀

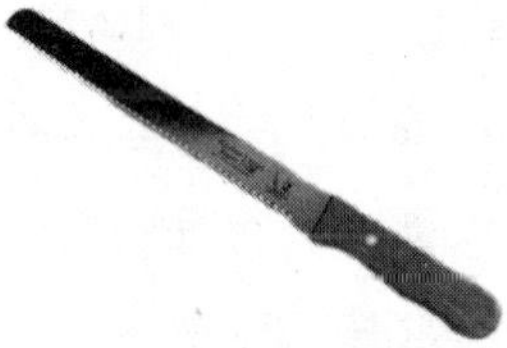

图 2-17　锯齿刀

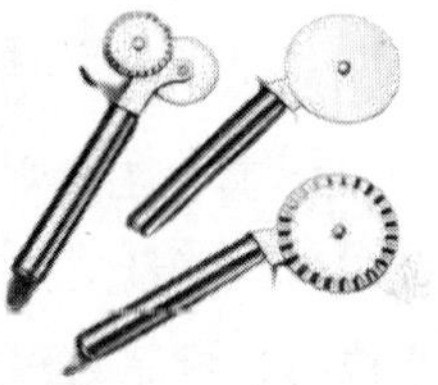

图 2-18　滚刀

3. 模具

焙烤食品制作所用的模具种类很多，有烤盘、蛋糕模具、面包模具、点心模具、巧克力模具、月饼模具、饼干模具等。这里只简单介绍几种常见的模具。

(1) 烤盘　烤盘是烘烤时盛放焙烤食品的容器，也是烘烤制品的主要模具。烤盘分两种：一种是黑色铁皮金属材料制成的，另一种是在原来材质上加入特殊材料制成的不沾烤盘。烤盘形状基本上是长方形的。如图 2-19 所示。

(2) 蛋糕模具　蛋糕模具花样很多，形状也很多。制作材质有两类：一类是不锈钢、马口铁制成的；另一类是加入特殊材料制成的不沾模具。如图 2-20 所示。

(3) 面包模具　面包模具材质是由不锈钢、马口铁、铝制品制成的，现在也出现了加入特殊材料制成的不沾模具。规格大小不一。如图 2-21 所示。

图 2-19　烤盘

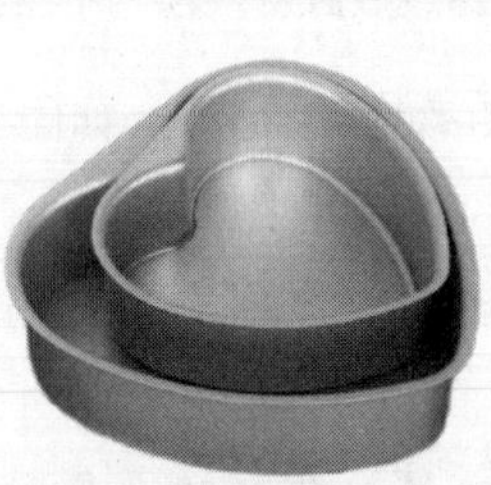

图 2-20　蛋糕模具

图 2-21　面包模具

（4）点心模具　点心模具一般由薄铁皮、铝制品制成，形状多样。如图 2-22 所示。

（5）巧克力模具　巧克力模具一般由薄铁皮和塑料制成，形状多样。如图 2-23 所示。

（6）月饼模具　月饼模具一般由木质和塑料制成，形状一般为圆形和方形，图案多种多样，也可按生产厂商需要定做图案。如图 2-24 所示。

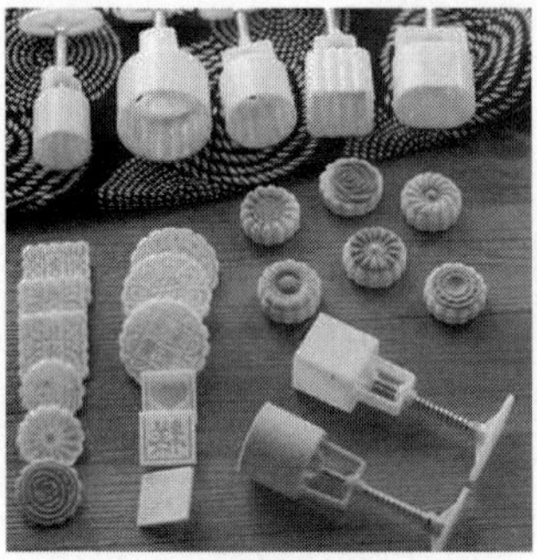

图 2-22　点心模具

图 2-23　巧克力模具

图 2-24　月饼模具

4. 其他工具

（1）称量工具　称量工具包括台秤、天平和电子秤等。主要用于原辅料的称量，半成品、成品的称量。如图 2-25 所示。

（2）擀面杖　主要用于面点的擀制。一般用硬木制作，也有使用不锈钢制作的。如图 2-26 所示。

（3）粉筛　根据粉筛的用途不同，规格很多，常用有 60 目、40 目、20 目等。主要用于面粉等粉料的筛选。如图 2-27 所示。

（4）毛刷　毛刷用于涂刷制品表面。如在制品上刷蛋液、果酱等。如图 2-28 所示。

图 2-25　电子秤

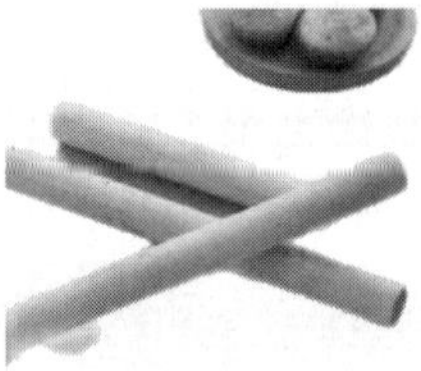

图 2-26　擀面杖

图 2-27　粉筛

图 2-28　毛刷

（5）平底锅　平底锅一般用于熬糖、制馅等。如图 2-29 所示。

（6）转盘　转盘是装饰蛋糕的常用工具。如图 2-30 所示。

（7）裱花袋　裱花袋是由塑料、纸等制成的三角形料袋，纸裱花袋现用现做。如图 2-31 所示。

（8）裱花嘴　裱花嘴是金属模具，放在裱花袋前面使用，用于流体物料挤出各种形状，配合制品的造型、装饰。如图 2-32 所示。

图 2-29 平底锅

图 2-30 转盘

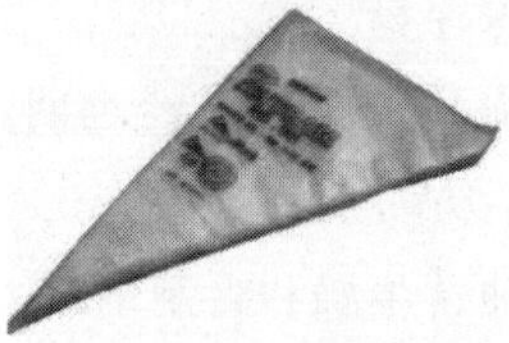

图 2-31 裱花袋

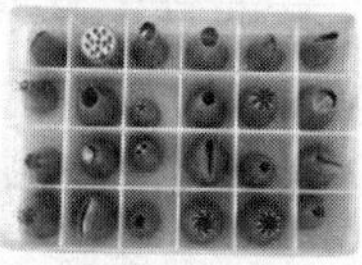

图 2-32 裱花嘴

除上述工具外，还有平台车、雕刻工具、温度计、量杯、不沾布、塑料夹、耐热手套等工具。

5. 用具的清洗与消毒

（1）用具的清洗程序

①操作台要用刷子或铲刀去污。先用洗涤液擦洗，后用清水清洗。

②所用设备、用具如和面机、打蛋机、压片机、各类模具等，应在班前、班后清洗干净，用具应放在专用柜子中。

③上岗前要用紫外灯对生产车间消毒 0.5 h 左右。将用具、设备、操作台用消毒液消毒后方可使用，必须有一洗、二过、三消毒的过程。

（2）用具的消毒

①煮沸消毒法　通过沸水达到消毒作用。对不锈钢器具、模具、抹布、耐高温塑料制品等可采用煮沸方法消毒。

②电子消毒柜法　通过高温加热达到消毒作用。主要对易生锈的金属器具和裱花用具等消毒。

③化学消毒法　通过使用化学药剂达到消毒作用。常用氯己定、漂白粉、新苯扎氯铵等。使用消毒剂时应保证水池内无油污，防止其失效。消毒水必须定时更换，以保证消毒效果。

（3）用具的保养

①常用用具不能乱用、乱堆、乱放，用具用过后，应根据不同类型分别定点存放，不可混乱放在一起。如擀面杖、网筛、布口袋与刀剪等利器存放在一起，不小心会使擀面杖受损，网筛、布口袋被扎破。

②铁制、钢制用具存放时，应保持干燥清洁，以免生锈。

③用具使用后，对附在用具上的油脂、糖膏、蛋糊、奶油等原料，应用热水立即冲洗并擦干。特别是直接接触熟制品的用具，要经常保持清洁和消毒，生熟食品的用具必须分开保存和使用，否则会造成食品污染。

二、焙烤食品加工学徒岗位安全生产要求

1. 原材料的安全要求

①原材料必须隔墙离地存放，标识清楚、包装完整、干净卫生，需冷藏、冷冻的

必须放冰箱或冷库中保存。

②原料在使用前应检查是否已经过期，是否已霉烂变质，有无异味，是否干净卫生，只有确保无问题后方可使用。

③已开封的鲜奶油、牛奶和自制馅料，应尽量做到每班无结存。

④严禁原料与成品、半成品混放，非食品物料不准与食品原料混放。

2. 操作间卫生要求

①进入操作间应洗手消毒，操作间内严禁存放个人生活用品和与生产无关的杂物。

②操作间内严禁饮食、吸烟和随地吐痰。

③新参加工作的生产人员，必须经健康检查并取得健康合格证后方可上岗工作。

④操作间工作人员遇下列情况之一时必须洗手：a. 开始工作之前；b. 上厕所以后；c. 处理被污染的原材料之后；d. 从事与生产无关的其他活动之后；e. 在从事操作期间也应勤洗手。

⑤操作间和其他场所的废弃物，必须随时清除，并及时清理，废弃物存放的容器及场地应及时清洗消毒。

3. 操作安全要求

①面包（生包）在拣出来发酵时，必须摆放整齐。

②工作人员在烘烤面包时，必须按照先发先烤、后发后烤、不合格产品不烤的要求执行。

③在面包发酵时，要注意发酵的温度和湿度，不得随意更改。

④在制作产品时，必须分批、分量、分时间阶段来进行，不得一次性把生包拣出来发酵，让产品成形。

⑤工作人员在产品烘烤前必须检查当日所用的原材料是否齐全，如缺少其中一种材料或者有其他突发情况，应立即报告。

⑥接触直接入口的食品加工仪器时要戴上口罩和一次性手套。

4. 自身安全要求

①学徒在校或在企业期间不论有无驾照均不允许驾驶机动车辆。

②上下班期间严格遵守交通规则，避免发生人身意外。

③在生产现场戴好防护用具，注意个人及他人安全。

④晚上 8：00 后不单独外出。坚决杜绝夜不归宿。

⑤学徒在企业期间做好水、电、暖安全，上班前、睡觉前检查水电，确保安全。

⑥做好防火工作，不使用大功率用电器。

入职培训专题5

岗位业务能力要求和培养目标

一、 岗位知识要求

（1）掌握焙烤食品生产原料知识和焙烤食品基本生产工艺。

（2）掌握焙烤食品生产所需设备和工具的基本知识。

（3）具备焙烤食品生产的质量控制知识。

二、 岗位能力要求

（1）了解从事焙烤食品加工工作的意义与工作内容，具备吃苦耐劳的精神与团队合作的意识。

（2）掌握焙烤食品生产与质量管理操作规程与规范，并具备制作焙烤食品的能力。

（3）应用国内外先进的烘焙食品生产技术，具有使用先进的生产设备和工具进行焙烤食品生产的能力。

（4）积累收集整理和总结焙烤食品原料检验，焙烤食品配方计算，焙烤食品生产、包装等工作经验。

（5）遵守企业各项规章制度，团结同事，服从领导，勤奋学习，提高自身职业素养。

（6）工作中不回避困难和挑战，主动承担工作责任，具有担当意识。

三、 岗位技能要求

（1）能熟练掌握原料、辅料、添加剂的成分、特点、用法、用量。

（2）能按照生产计划准备原料，并按规定的质量标准进行面团（糊）调制。

（3）能掌握生产工具、模具、容器的正确使用及清洁保养方法。

（4）能掌握烤炉等设备的正确使用及清洁保养方法。

（5）掌握面包、蛋糕、西点、裱花蛋糕等的制作工艺流程及技术要领。

（6）能正确使用常用焙烤设备，并判断和排除故障，按照各设备的使用规范，安全操作。

（7）具有吃苦耐劳的工作精神。

四、岗位职责要求

（1）负责按照任务订单制定生产计划。

（2）负责开工前准备，做好焙烤食品生产原辅料计量及预处理。

（3）负责焙烤食品生产设备的清洗、维护、运行准备、安全生产。

（4）负责面包、蛋糕、西点的生产安排、安全监督、成品质量验收、包装。

（5）完成公司领导安排的各项工作，认真执行，及时汇报。

五、培养目标

培养德智体美劳全面发展，掌握扎实的科学文化基础，掌握焙烤食品生产相关法律法规和必要的理论基础，具有熟练的操作技能，达到国家职业资格标准，能够从事焙烤食品加工、质量控制等岗位工作；具有工匠精神和职业素养，具备良好的职业道德、人文素养和法治观念、创新意识的高素质焙烤食品生产技术技能人才。

学徒学成后在西饼店、酒店西餐厅、中餐厅、饼干厂、焙烤服务公司等生产第一线，从事产品制作、新产品研发、销售等方面的岗位技能工作和管理工作。

主要就业岗位：

（1）饼店　配料岗、面包操作岗、蛋糕操作岗、西饼操作岗、焙烤产品包装岗、蛋糕裱花岗、焙烤产品检验岗、焙烤产品研发岗、各岗位领班、饼店前台领班。

（2）酒店西餐厅　面包岗、西饼岗。

（3）中餐厅　点心部焙烤岗等。

（4）饼干生产企业　配料岗、工艺操作岗、产品研发岗、产品包装岗等。

（5）焙烤服务公司　推销岗、产品研发岗、烘焙讲师等。

（6）自主创业　开设饼店、单一焙烤产品店、焙烤食品公司等。

入职培训专题 6
制定学徒培养计划

一、 学徒培养计划

1. 学徒入职培训

由企业人事部门主导，主要培训内容为：企业组织架构、企业各项规章制度（员工手册）、基本食品安全法规、公司部门产品成品的品尝。入职培训期间由所要入职的部门主管介绍相关的基础烘焙知识等。周期一般为 2 天。

2. 生产岗位培训

经过第一阶段的入职培训考核评分后，人事部随档案转到相关的生产岗位。

我们以面包生产岗位来举例：

（1）入岗培训　一般由主管主导，由指定中级或者高级面包师带领。

入岗培训分为进出车间通道要求、着装要求、洗手消杀卫生、进入车间卫生检查（风淋或其他）、介绍当班组成员及直接负责人、岗位、车间卫生、工器具设备设施认知和安全使用说明、生产岗位说明、消防逃生等，然后才能上岗操作。

（2）工序培训　依照岗位工作内容，学徒完成入岗培训后会分配到相关的工序岗，即配料、搅拌、成型、焙烤等工序岗。工序培训一般都是由该工序的负责组长培训。

整形岗位工序培训包括以下内容：

馅料的准备制作、馅料分称、面团的分割、滚圆、覆盖松弛、整形（拍、滚圆、擀、切、辫、捏、卷、折叠等手法）摆盘、最后发酵。

负责培训的组长依据目前所有的生产品项，制定培训周期。

培训周期 45 天（总培训周期 45 天，包含 2 天的入职培训，入岗培训完成后的独立顶岗制作考核 3 天、剩余 40 天为岗位技能培训）。比如培训面团品类 15 种、样式一共 80 款。那么制定出每天主要面团制作为 3 款，5 天培训完，剩余时间是练习阶段，样式品类为每天 10 款，分 8 天练习完成。剩余时间练习阶段。注意：这里说的每天主要培训 3 款面团种类和 10 款样式并不是说每天只进行这些操作，而是这些品类为主要培训内容，做完主要的培训产品之后，其他的工作都是要与本小组的组员一起完成的，这样就有一个反复练习的过程。

焙烤岗位工序培训包括以下内容：

焙烤过程：烤炉的预热、温度的设定、烤前装饰料的准备、面团最终发酵状态的判断、焙烤完成的判断标准。

培训周期 45 天（总培训周期 45 天，包含 2 天的入职培训、入岗培训完成后的独立顶岗制作考核 3 天、剩余 40 天为岗位技能培训）。

培训内容包括：

①不同面包面团的发酵温度、湿度：丹麦类、欧式、吐司、日韩式面包等；

②面团的最终发酵状态判断；

③焙烤前装饰（装饰馅料的重量）；

④焙烤温度设定：根据不同的烤炉设计好炉层编号和温度范围误差标准；

⑤焙烤最终完成标准：色泽、形状、大小、中心温度等；

⑥冷却区冷却包装或上架。

某焙烤食品生产企业的面包焙烤学徒培养计划，如表 2-1 所示，计划时间为 1～12 周，表格中列出了具体的培训内容、技术要点和所需材料，从第 13 周开始将进行独立练习。

表 2-1　面包焙烤学徒培养计划（1～12 周）

时间	训练开始日期	培训内容	需要掌握的内容（技术要点）	所需教材
第 1～2 周	第 1～7 天	职前简介	了解公司的规章制度、员工发展流程与薪资福利制度	《人事汇编手册》《爱心基金管理手册》
		企业文化	了解公司的发展历程以及公司的愿景目标和价值观	
		车间内介绍	熟悉车间内环境：人员、产品、设施设备	
		岗位介绍	车间岗位的组成，以及岗位的各项要求	
		仪容仪表	标准着装：工作服、帽子、口罩、工牌佩戴标准；指甲、头发长度符合公司标准	
		清洁与消毒	1. 熟练掌握各个岗位以及设备设施的清洁步骤与标准	《清洁手册》《消毒手册》
			2. 熟练掌握各个岗位的原料、辅料、工具等的消毒步骤与标准	
	第 7～14 天	食品安全与虫害	1. 熟练掌握岗位的食品安全的关键点	《食品安全控制程序虫害篇》
			2. 熟练掌握车间环境的虫害的控制方法	
		设备设施使用与保养	1. 掌握岗位各个设备的标准操作规范	《设施设备保养手册》
			2. 掌握岗位各个设备的清洁与保养方法	
		良好的操作规范	3. 养成良好的操作习惯，保障产品的安全与卫生	《良好操作规范》

续表 2-1

时间	训练开始日期	培训内容	需要掌握的内容（技术要点）	所需教材
第 3～8 周	第 14～49 天	成型	1. 能熟练地掌握吐司类及丹麦类产品所需面团的重量以及馅料重量	《一级理论知识面包》
			2. 揉圆、长条、圆柱体等成型手法正确	
			3. 熟练掌握吐司类的基础发酵时间及中间醒发松弛时间	
			4. 掌握吐司类成型标准尺寸及数据	
			5. 熟练掌握所有丹麦类产品的成型方法及尺寸数据	
			6. 摆盘的数量和方法符合标准	
第 9～12 周	第 49～69 天	馅料搅拌	1. 掌握所有馅料的份数核算	
			2. 熟练掌握所有馅料投料顺序及流程	
			3. 熟练掌握卡仕达搅拌时间及中心温度检测（到 85 ℃），炼乳油心与馅的最后搅拌比重	
			4. 掌握打馅间所有馅料分货流程	
			5. 车间成品及半成品，馅料时间管理	
第 13 周	独立练习、操作			

二、 学徒学习计划

（一）具体的专题研究计划

1. 焙烤食品营养的基础知识专题研修计划；
2. 焙烤原料的基本知识专题研修计划；
3. 焙烤食品配方计算专题研修计划；
4. 焙烤食品生产专题研修计划；
5. 焙烤食品安全与虫害防治研修计划；
6. 焙烤加工设备种类及使用要求专题研修计划；
7. 焙烤食品生产法律知识专题研修计划；
8. 焙烤食品加工岗安全生产专题研究计划；
9. 企业经营管理专题研究计划。

（二）焙烤食品生产专题研修计划

1. 研修目标

通过学习，具有焙烤行业职业能力评价初级工理论知识与操作技能。

具体要求：理论知识上达到职业道德、基础知识的基本要求，混酥类点心、清酥类点心、面包制作、蛋糕制作、泡芙、甜品制作相关知识要求，能制作相关产品并达到规范要求。

2. 研修内容

（1）理论知识

基本知识基础：知道焙烤食品的分类及产品特点、营养价值，为认识掌握常见焙烤食品打下理论基础。

原料辅料基础：从各类焙烤所需的原辅料开始，认识各种原辅料的种类及加工特性，以利于更好掌握焙烤食品生产技术，为今后新产品的开发打下基础。

常用设备及用具基础：从常用工具用具开始，讲述名称、分类与用途；常见设备的名称、功能与使用方法、注意事项等相关基础知识。

面包、蛋糕、糕点基础：结合焙烤食品基础知识，讲述当地常见的面包、蛋糕、糕点的生产工艺及产品质量标准。

（2）操作技能

①基本知识：对当地市售的焙烤食品分类及产品特点、产品营养价值等进行培训，熟悉产品特点。

②原料辅料：对当地常用的焙烤原料、辅料种类、加工特性进行培训。

③设备、工器具：对常用的设备、工器具名称、规格及用途进行培训。

④生产技术：对当地常见的面包、蛋糕、糕点的生产技术进行培训。

具体的学习内容与学习天数分配见表 2-2。

表 2-2　学习内容与学习天数分配表

序号	时间设置	时长/d
1	焙烤原料基础知识	6
2	焙烤食品营养与安全知识	4
3	焙烤设备基础知识	4
4	焙烤用具基础知识	2
5	焙烤食品加工基础知识	3
6	技能操作	10
7	中国焙烤行业相关政策	3
	总课时	30

（3）法规政策　主要学习《中华人民共和国食品安全法》《食品生产许可管理办法》等法规政策等。具体见表 2-3。

表 2-3 中国焙烤行业相关政策梳理

发布日期	政策名称	主要内容
2021 年	《中华人民共和国食品安全法》（2021 年修订）	建立了食品安全监管体制，规定了各部门的食品安全监管职责和监管机制，明确了食品企业的责任义务及食品安全违法行为的处罚原则
2020.01	《食品生产许可管理办法》	规范食品、食品添加剂生产许可活动，加强食品生产监督管理，保障食品安全
2019.10	《中华人民共和国食品安全法实施条例》2019 年修订	建立健全食品安全管理制度，加强食品安全监督管理能力建设，食品生产经营者应当依照法律法规和食品安全标准从事生产经营活动
2018.12	《中华人民共和国食品安全法》2018 年修订	建立了食品安全监管体制，规定了各部门的食品安全监管职责和监管机制，明确了食品企业的责任义务及食品安全违法行为的处罚原则
2018.12	《中华人民共和国产品质量法》2018 年修订	加强对产品质量的监督管理，明确产品质量责任，保护用户、消费者的合法权益，维护社会经济秩序
2017.11	《食品经营许可管理办法》2019 年修订	规范食品经营许可活动，加强食品经营监督管理，保障食品安全
2014.04	《中华人民共和国工业产品生产许可证管理条例实施办法》	国家对乳制品、肉制品、饮料、米、面、食用油、酒类等直接关系人体健康的加工食品企业实行生产许可证制度；任何单位和个人不得销售或者在经营活动中使用未取得生产许可证的列入目录的产品
2009.10	《食品标识管理规定》2009 年修订	对食品标识标注内容、标注形式、法律责任予以规范
2007.08	《食品召回管理规定》	强调食品生产经营者为食品安全第一责任人，明确了对不安全食品召回时限、处理措施、法律责任
2005.09	《食品生产加工企业质量安全》	国家实行食品质量安全市场准入制度。从事食品生产加工的企业，必须具备保证食品质量安全必备的生产条件，按规定程序获得工业产品生产许可证，所生产加工的食品必须经检验合格并加印食品质量安全市场准入标志后，方可出厂销售

3. 具体措施及安排

（1）每周利用 1～2 h 自学各类理论知识，并做好要点笔记，记录在专门的笔记本上。

（2）经常反思自己的学习和收获，不断地总结经验，找准不足之处，做好学习反思和相关案例，促进自己的不断进步。

（3）在工作中对自己严格要求，绝不松懈。

第三部分

The third part

学徒岗位工作任务

任务1

焙烤食品生产方案编制

任务1.1 生产计划的编制

生产计划是关于企业生产运作系统总体的计划，是企业在计划期应达到的产品品种、质量、产量和产值等生产任务计划和对产品生产进度的安排。确定生产任务后，编制生产计划一般按如下步骤进行。

（1）调查研究，收集资料　收集企业外部和内部的各种信息，切实做好对市场需求、各类资源和企业本身的生产能力和销售能力的综合分析，为编制生产计划提供坚实可靠的依据。

（2）综合平衡，拟订方案　生产计划方案主要是指各种产品生产指标的方案。在同样条件下会有各种不同的生产计划方案。编制生产计划时要制定出多种不同的生产计划方案，并做好生产任务与设备生产能力、物资、劳动力、成本的综合平衡，然后从多种不同的方案中选取一个最优方案。

（3）讨论修正，批准实施　综合平衡后选取的生产计划方案必须经有关科室、车间讨论，做出必要的修正而形成正式的生产计划，经厂长或上级主管部门批准，就可组织实施。

【任务目标与质量要求】

1. 根据企业生产系统计划，安排产品生产进度；
2. 根据生产进度计划，执行生产计划；
3. 根据生产进度计划，安排车间的生产流程，提高生产效率；

4. 根据当地消费市场习惯，制定传统面包店的生产计划与流程安排。

任务 1.2　生产计划的执行

烘焙食品生产企业在计划执行阶段，主要应做好以下几方面的计划管理工作。

1. 计划指标层层分解落实

企业在计划的贯彻实行中要同经济责任制结合起来，将企业的计划指标分解成若干指标，再把这些指标层层下达，落实到车间、班组以至每道工序、每个工人，使每项计划指标都有专门机构、专人负责。这样，任务的完成和超额完成就有了坚实的基础。在落实计划的过程中，要把责、权、利结合起来，充分调动每个部门、每个人的积极性和主动性，使计划的贯彻执行成为职工的自觉行为。

2. 实行考核制度

为了衡量企业内部各部门及每个职工完成计划任务的情况，必须进行严格的考核，把每个部门及个人的工作实绩与责任进行比较，测定其任务完成程度。为此，要建立严格的考核制度、全面经济核算制度和计算工作制度，做好计划执行中原始记录和统计报表等项工作，以便科学、客观、全面地对企业计划执行情况进行检查、衡量，如实际完成占计划的百分比，本期实绩与上期实绩进行分析比较，及时总结经验，及早发现问题，纠正偏差，采取措施，确保企业生产任务的全面完成。

3. 做好控制工作

企业要对计划执行情况进行严格控制。在企业管理中，控制工作一般包括事前控制、事中控制和事后控制。事前控制就是采用一系列科学手段和方案进行科学、正确的决策，制定切实可行的计划，把损失消灭在计划执行之前。事中控制就是计划执行中的控制。

事后控制就是对计划的执行结果经常进行检验，以便发现问题，进行分析、纠正偏差，追究责任，及时处理。事后控制往往比较被动，因为这时损失浪费已经造成，采用补救办法进行调整，力求把损失降到最低程度。

为了把控制工作做好，企业应建立健全管理信息系统，这是控制计划执行的关键。现在大型的企业普遍运用微型电子计算机建立满足本企业需要的管理信息系统，以便收集、记录、汇总和处理各种信息，更好地为计划管理服务，全面提高企业的管理水平。

4. 生产计划检查与总结

检查计划和总结计划是管理工作链中的重要一环，也是周而复始地计划管理过程另一循环的开始。计划检查的形式多种多样，有日常检查和定期检查，全面检查和专题检查，还有管理系统专业人员的检查和职工群众的自查。在通常情况下，这些检查要交替结合起来进行。通过检查对计划进行全面的评价，以推动计划的完成。检查的结果要有书面总结，其中既要有数据报表，又要有经验教训，以便认识客观经济规律，提高计划管理水平，为下一期管理计划的制定与执行打好基础。

任务 1.3　烘焙车间的生产流程安排

生产计划在烘焙车间的具体执行是生产流程安排。

生产流程安排是生产管理的重要内容。所谓流程安排就是编排好各个烘焙品种每一个工序的生产时间计划。生产流程安排得好，就可以有条不紊地进行工作，工人不会误工，设备不会闲置，劳动效率得以提高。

生产流程的安排要求编排者熟悉生产任务、设备性能、员工工效、工艺条件，还要求考虑到不同品种、主辅工序之间的配合。

（一）单一品种的生产流程安排

例如，现有生产任务——生产豆沙馅小圆面包 2 000 个，每个面团重 40 g，馅料重 10 g，要求下午 5：00 前完成烘烤。现有烘炉两台——一台 3 层烤炉，每层 3 盘；一台 2 层烤炉，每层 2 盘。生产流程安排如下。

1. 编制工艺流程图

采用的生产工艺：二次发酵法，工艺流程见图 3-1。

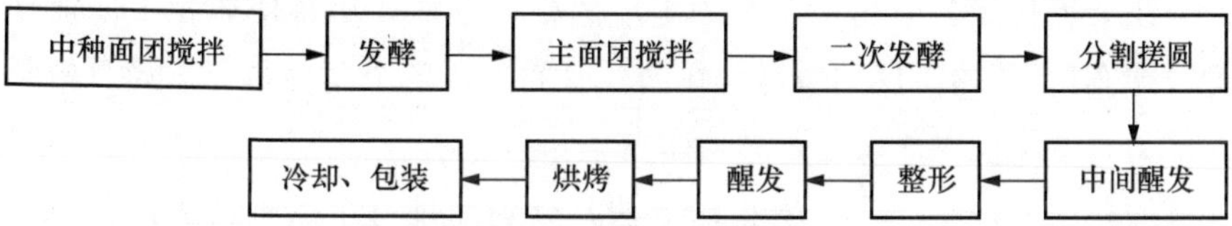

图 3-1　二次发酵法生产工艺流程

2. 确定各工序的生产时间

（1）确定瓶颈工序　在整个工艺流程中生产速度慢且调节弹性差的工序称为瓶颈工序，瓶颈工序必须连续作业才能使整个生产过程时间最短。烘焙生产最需要安排连续作业，这样可以使烘炉耗电最少。其他工序如果生产速度不快可以通过增加设备或人力来调整，一般不会成为“瓶颈”。

（2）确定各个工序的工艺时间　每个工序的工艺时间是由设备的生产能力、工人的生产能力、工艺要求而确定的。例如，中种面团发酵的工艺时间可根据二次发酵的工艺要求定为 2.5 h；醒发的工艺时间设定为 1 h；烘烤的工艺时间为每炉 15 min；整形属于手工操作，可以通过调节人力生产速度与烘焙速度同步，定为每批 15 min。

(3) 计算每个工序的生产时间　从生产任务要求下午 5：00 前完成烘烤算起，用“倒计时”方法递推各个工序的开始时间和完成时间。烘烤时间的计算要根据烘炉的生产能力来确定，两个烘炉每次共可烘烤 13 盘面包，每盘 24 个，即每次可烤 312 个。2 000 个面包需烤 7 次，每次 15 min，共耗时 105 min。所以该工序应在下午 3：15 开始至下午 5：00 结束。

逆推至醒发工序：

醒发的开始时间＝烘烤的开始时间－醒发的工艺时间

＝PM3：15－60 min

＝PM2：15

醒发的最后完成时间＝烘烤的完成时间－烘烤的工艺时间

＝PM5：00－15 min

＝PM4：45

再逆推至整形工序：

第一批整形开始时间＝醒发的开始时间－整形的工艺时间

＝PM2：15－15 min

＝PM2：00

依此类推，求出各个工序的生产开始时间和完成时间。

（二）多品种的生产流程安排

前面介绍了焙烤食品公司生产单一品种时怎样安排生产流程，而实际上焙烤食品公司总是生产很多品种的。现在介绍多品种的生产流程的安排。

(1) 首先要安排好各个品种在瓶颈工序的生产顺序，尽量使瓶颈工序能连续生产而又不会“撞车”。瓶颈工序如烘烤，在同一时间里，各个品种都要烘烤且数量超过烤炉的生产能力，这就使烘烤发生了“撞车”。

(2) 按照单一品种生产流程安排的方法，分别编排每个品种的生产流程。编排好后要检查瓶颈工序外其他工序有“无撞车”，尤其是搅拌、醒发等工序。如发现问题要合理调整生产时间或生产设备。

(3) 将以上编排结果填入“面包生产流程安排总表”中（表 3-1）。表中除出炉一栏外，其他各栏的时间都是该工序的开始时间，工序的完成时间可省略，一般不标明。

(4) 分解“生产流程安排总表”为各个主要工序的生产流程表。例如，搅拌生产流程表、整形生产流程表、醒发生产流程表、烘烤生产流程表等。这类生产流程表有 5 个横栏标题，分别是顺序号、生产名称、开始时间、完成时间、工作量(表 3-2、表 3-3)。顺序号要按照生产的次序排列而不是按照总表中的品种的次序排列，这样才便于生产操作。表 3-3 的编排就比较简单，因为烘烤的生产次序与总表中的品种的次序是一致的。

表 3-1　面包生产流程安排总表　　日期：　年　月　日

品种	准备时间	搅拌时间	基本发酵	主面团搅拌	主面团发酵	分割	整形	醒发进炉	出炉产量

工序生产流程表是各班组的实质性生产计划。各班组只要按照表中的指令执行计划，整个生产任务就能有条不紊地完成。

表 3-2　搅拌工序生产流程表　　日期：　年　月　日

顺序号	生产名称	开始时间	完成时间	工作量
1				
2				
3				
4				
5				
6				
7				
8				
9				

表 3-3　烘烤工序生产流程表　　日期：　年　月　日

顺序号	生产名称	开始时间	完成时间	工作量
1				
2				
3				
4				
5				
6				
7				
8				
9				

任务 1.4　面包、蛋糕店的生产计划与流程安排

大多数面包、蛋糕店经营者会依据当地消费市场习惯来决定每天各类面包、蛋糕出炉的时间。

1. 传统面包、蛋糕店的生产计划

一般传统（前店后厂）面包、蛋糕店会由店长或生产（车间）主管制订次日整套生产计划。于当天下午 4：00—9：00（或打烊前）之间开始点货、补货工作，一般由店长（生产主管）到卖场全面了解当前销售及存货状况的记录，以便作为第二天计划生产何种品种、数量的依据，完善明天供应门店销售的程序。例如，统计明天预定生产的品种、个别数量及总量的汇总，再适当调整生产人力及所需要用的原辅料、小器具、包装材料。

一般小型（前店后厂）面包、蛋糕店的生产计划，除了临时订货单需要，大都习惯以错开“烤箱”焙烤产品的使用时间，充分利用烤箱热能，以完善及时焙烤各式烘焙产品为目标。如果店里有两台（三层共 12 个烤盘）以上烤箱设备，也需要充分利用每层烤箱的有效热能，以不浪费电力及生产车间工作人员的时间成本为原则。

2. 传统面包、蛋糕店的生产流程安排

以小型面包、蛋糕店一台（三层 6 盘）烤箱一天共使用 8 h 为例：

（1）第 1～2 h 主要工作　以补足昨晚已缺货的面包、蛋糕品种为主。目的是满足本地商圈顾客购买早餐食品的习惯，借以增进第一阶段经营业绩。同时，开始进行其他面包、蛋糕品类的前期生产工作。

（2）第 2～4 h 主要工作　以蛋糕类产品的补货及新品种（含前 1 项）为主。其目的是利用此段时间进行蛋糕类产品制作，才不致影响面包类产品在最后生产阶段的进度，一方面要掌握各种蛋糕、面包适应各层不同温度的烤炉，另一方面也可以避免因为两组员工要同时共用烤炉，而影响本店烘焙产品的质量。

（3）第 4～7 h 主要工作　以面包类产品的补货及新品种（含前 1～2 项）为主。目的是一方面把上阶段准备的面包类半成品进行焙烤，完成加工的工序，一方面要把焙烤的成品陆续推送到前厅（卖场）上架待售。

（4）第 8 h 后主要工作　一般烘焙产品在出炉之后，除了要现场售卖的产品之外，都需要经过 1～3 h 的自然冷却后，才能进行包装销售的工作，以免因产品还有余热就装袋，导致缩短产品保质期限，而影响产品质量与本店的绩效。

（5）掌握当地旺市的脉动（一般商圈区分：早市、上午市、中午市、下午市、晚市、午夜市）。

任务 1.5　生产前的其他准备

1. 备料

将经过筛选的原料检验计量后，放在清洁卫生的容器中，加罩、加盖，以防污染。

2. 预备工作

使用的各种果料，必须经过人工挑选，去除杂质以及去除腐烂、变质、虫蚀的果料；将选好的原料加工成要求的大小备用。同时还应检查机械设备是否完好、运转是否正常、电源接触是否良好，做好交接班记录等。准备好包装材料，做好包装材料的领取与消毒。

任务2 面包生产

【专业知识准备】

面包的制作无论是手工操作还是机械化生产，都包括4大基本工序，即面团搅拌、面团发酵、面包成型和烘焙。如果不考虑发酵方法，各种面包的制作工艺流程基本上是相同的。图3-2是广泛采用的一次发酵法和二次发酵法的面包制作工艺流程。

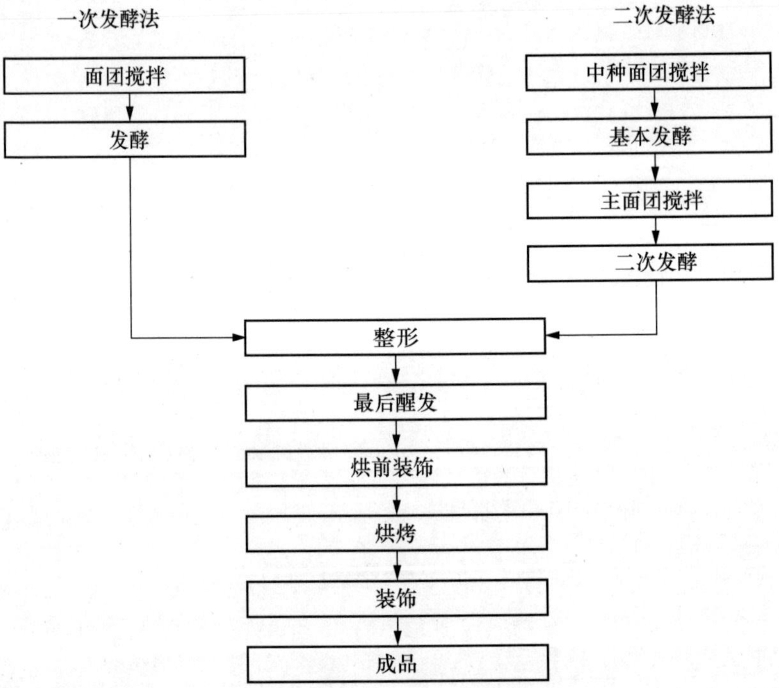

图3-2　面包的制作工艺流程

【面包生产案例】

现计划生产白吐司面包 50 个，每个成品重 500 g。请列出详细的生产过程。

1. 生产前的准备工作

在进行面包生产之前，首先做好以下准备工作，以确保面包生产能够保质保量地顺利进行。

①确定生产品种的工艺流程；

②检查生产必备的设备器具准备情况；

③检查原辅料的质量情况；

④检查原辅料数量；

⑤原辅料的预处理。

2. 烘焙基本计算

根据生产品种的数量和单品质量算出产品总质量，通过产品总质量计算实际面团总质量，继而算出面粉的用量和其他各原料用量。

3. 按照工艺流程进行生产

准备完成后，即可按照工艺流程进行生产。

任务 2.1　软质面包面团的调制

软质面包面团的调制主要包括面团原辅料准备、面团搅拌及面团中间醒发等几个过程，不同的生产工艺具有不同的搅拌方法。

【任务目标与质量要求】

1. 根据软质面包的特性确定配方中各原料的配比，按照面包的配方，配置软质面包的制作材料。

2. 根据生产需要确定搅拌设备，并做好设备的清洁、操作和使用维护。

3. 对配方中的原辅材料进行适当的预处理，保证其符合卫生标准，保证食品安全。

4. 按照面包的生产方法和投料顺序，进行面团调制，确定面团调制阶段，控制好面团搅拌的时间，准确判断面团调制的终点。

【学习产出目标】

1. 熟知软质面包制作的原料选用要求。

2. 能按照生产计划表准备软质面团的配料。

3. 能根据面包特点，选用并掌握软质面包的直接发酵法的搅拌工艺。

【工作程序与方法要求】

序号	工作程序	操作步骤	注意事项
1	衡器的准备	准备称重的衡器及盛具 (1) 检查衡器是否符合称重要求； (2) 检查衡器是否能正常启动，电子秤的显示是否正常； (3) 检查盛料的盛具是否符合卫生要求	面粉勺、盛具、衡器，必须洗净擦干，否则容易沾上其他原料，影响称重效果； 称分量较轻的配料（如酵母、面包改良剂等）时，最好使用刻度小的衡器，保证称重准确
2	原材料的准备	检查原材料 (1) 检查软质面包所使用的高筋粉是否符合要求； (2) 检查搅拌软质面包面团用水的温度是否符合要求	在使用前应对容易受潮结块的乳粉等原料进行检查，防止使用结块的原料而影响产品质量
3	配料单的复核	复核配料单 (1) 根据制作产品的要求，认真复核配料单各原料的配置比例，保证配料正确； (2) 再次计算并确认产品产量要求与配料分量相同，防止多配料或少配料的现象发生	认真复核计算，确保正确
4	工器具的准备	(1) 将搅拌机的搅拌缸擦洗干净； (2) 采用多功能搅拌机搅拌面团时，使用钩形搅拌头； (3) 准备好量杯等工具； (4) 将案板等擦洗干净，备用	工器具要提前准备； 工器具要保持洁净
5	面团搅拌	(1) 搅拌机接通电源，并试机检查能否正常运转； (2) 将面粉、水、糖、乳粉、鸡蛋等原料倒入搅拌缸，慢速拌匀； (3) 将酵母、面包改良剂等加入到上述原材料中，中速搅拌； (4) 搅拌机中、高速搅拌至面团光滑、柔软但还未扩展时加入油脂，中速拌匀； (5) 面团到达完全扩展状态时，加入盐，慢速搅拌均匀； (6) 将搅拌完成的面团放置在案板上，揉成光滑、柔软的面团。静置 15～30 min	(1) 注意控制面团搅拌的速度； (2) 注意控制面团搅拌的时间； (3) 面包面团搅拌用的油脂应保持固体状态

【业务知识】

一、软质面包面团的一般用料

软质面包除水、酵母、面粉、盐以外，还添加了鸡蛋、乳粉、砂糖、油脂等成分，是面团含水量较高的一种面包。软质面包具有组织松软而富有弹性，体积膨大，口感柔软等特点，在搅拌面团时必须使面筋充分地扩展，发酵时间必须适当。

1. 面粉

小麦面粉根据面筋含量的不同，一般分为高筋面粉、中筋面粉和低筋面粉。在制作软质面包时我们要使用优质的高筋面粉，以确保产品的质量。

2. 酵母

面包酵母包括鲜酵母和活性酵母两类，根据面团含糖量的不同，又可分为高糖酵母、低糖酵母和无糖酵母。现代面包制作中常用的酵母有即发活性干酵母。酵母在烘焙中主要起膨松作用，并可增加面包的香与味，提高营养价值。

3. 食盐

在面包中添加适量的食盐可产生咸味，增加面包风味，而且能使烘烤成熟的面包内部组织的色泽较白。

4. 水

水是制作面包的主要原料之一。制作面包应使用微酸性的水，即 pH 为 6～7。水的软硬度对面团调制会产生影响，硬水和极软水都不适宜用于制作面包。

5. 白砂糖

面包中使用的糖多为白砂糖。糖在面包中的作用是不仅能够增加甜味，也是酵母生长繁殖的营养剂，还能改善面团的物理性质。

二、软质面包面团的原料基本配比

1. 原料基本配比

软质面包制作原料包括水、酵母、面粉、盐、鸡蛋、乳粉、砂糖、油脂等，以面粉的用量为标准，主要材料用量基本上为：

（1）酵母的用量　一般为面粉用量的 1.5％～2.0％；

（2）水的用量　一般为面粉用量的 50％～62％；

（3）盐的用量　一般为面粉用量的 1.0％～2.2％；

（4）糖的用量　一般不超过面粉用量的 5.0％；

（5）面包改良剂使用量　按标准进行。

2. 原料配比关系

（1）糖与水　糖具有反水化作用，增加糖的用量，会延缓水化作用，延长面筋形成时间。每增加5%的糖，吸水量就降低1%。

（2）酵母与盐　盐的渗透压高，对酵母发酵产生抑制作用，当盐的用量达到2%时，发酵即受影响。因此，配置原料时，酵母不要与盐直接接触。

（3）乳粉与水　添加乳粉能使面团吸水量增加，并且能使面团水化作用延缓，和面时间延长。一般每添加1%乳粉，面团吸水量增加1%。

三、软质面包面团的搅拌

1. 原辅料的预处理

原辅料在投入搅拌机前，需要经过一定的处理，主要目的是进一步提高原辅料的工艺性能，并保证其符合卫生标准，保证食品安全。

（1）面粉的处理

①调整面粉的温度　使用面粉的最佳温度是18～24 ℃，根据季节的不同调整面粉的温度，主要有利于面团的形成及面团的发酵。

②面粉过筛　去除混入的杂质，在面粉中充入大量的新鲜空气，既有利于面团均匀混合，改善面团结构，也有利于酵母的生长繁殖。

（2）酵母的处理　使用前应检查是否符合质量标准。如使用鲜酵母或干酵母制作面包，应先对酵母进行活化处理。

（3）水的处理　制作面包时，水的硬度和pH应符合工艺要求，否则会影响制品质量。现代城市供应的自来水基本符合面包生产需要，可以直接使用。

2. 原辅料的投料顺序

投料顺序与面包制作所使用的工艺及搅拌机的类型有关。

3. 面团搅拌的工艺

目前面包的制作工艺有很多种，常用的有以下三种：①中种法：是分两次搅拌的方法，即先搅拌中种面团，使其经过一段时间发酵，再与其他部分混合搅拌形成制作面包的面团。②隔夜中种法：是中种法的一种，指在第一天下班前搅拌好中种面团，第二天上班时使用。③直接发酵法：是直接进行一次搅拌发酵的方法。

软质面包制作普遍采用直接发酵法工艺。直接发酵法也称一次发酵法，是将配方中的原料以先后的顺序放入搅拌机内，依次混合，调制面团后进行一次发酵的方法。直接发酵法操作简单，发酵时间短，口感、风味较好，面团发酵中损耗低，具有较浓郁的麦香味，并能节约设备、人力及空间。但由于发酵时间短，面团的机械耐性、发酵耐性差，成品品质受原材料、操作误差影响较大，一旦搅拌或发酵过程出现失误（如在搅拌面团时搅拌过度，或发酵时发酵过度），无法弥补，且面包老化较快。

直接发酵法的面团搅拌：按投料顺序依次加入原辅料搅拌面团，在此过程中控制好搅拌速度和搅拌时间，搅拌完成后面团温度控制在26～28 ℃，面团搅拌时间一般为

15～20 min。

4. 面团搅拌的四个阶段

(1) 原料混合阶段　这是原料的初步混合阶段，会先将干性材料部分慢速搅匀，再依次加入液体材料部分，慢速搅拌成湿软且粗糙的面块。此时无法形成面团，处于粘黏状态，材料分布不均，容易被抓取下来，且面团无弹性、无延展性、表面粗糙。

作为搅拌的第一阶段，此时一定要注意观察液体部分与面粉的比例是否合适，不可仅依靠配方做参考，因为不同品牌、不同批次的面粉吸水率可能有所不同，实操中要根据实际情况增减。当然，如果选择品质更好、更稳定的面粉，在制作时也会更加得心应手。

(2) 成团阶段　进入这个阶段，搅拌机由低速转为中速，这是面筋开始形成的阶段，但面筋形成较少，此时将面团推展开，会发现面筋薄膜较厚且薄膜切口是凹凸不平的。此时水分被面粉吸收，缸内的面团逐渐揉成团，缸壁少有粘连。

(3) 面筋扩展阶段　在这个阶段面团的手感逐渐变软、变Q弹，形成的面筋也越来越多，面团的表面逐渐变光滑，具备一定延展性，可以拉出薄膜，但容易断裂，断口边缘呈轻微锯齿状。

(4) 完全扩展阶段　面团经过搅拌，面筋达到充分扩展。随着搅拌钩的转动，面团又会黏附在搅拌缸壁及离开搅拌缸壁，同时产生“噼啪”的打击声，用手拉面团能形成均匀的面筋膜。这是面团最终的完成阶段，此时的面团内面筋完全扩展，具备良好的延展性，弹力也很强，可以拉出完美的手套膜，且面团表面光滑不黏手，拉出的手套膜断口细腻无锯齿状。当面团搅拌至这个状态后，即可制作大部分的面包。但需要注意的是，达到这个状态下的面团持续时间比较短暂，持续搅拌时判断一定要及时，防止过度搅拌。

(5) 过度搅拌阶段　再接着继续搅拌，面团会失去弹力，呈现湿润的表面，并且非常粘黏。推展开面团时，面团完全没有抵抗力，薄且向下摊流，因而被称为过度搅拌阶段。但在用良好的面粉制作吐司类面包时，略微地过度搅拌，也可以利用较长时间或者中间发酵弥补。初期过度搅拌阶段的面团，会烘烤出内部颜色偏白且气泡孔洞细小的面包。

(6) 破坏阶段　搅拌后期，面团开始出现暗沉，完全失去弹力，面团开始水化，表面很湿，非常黏手，当停机后面团很快流向搅拌缸的四周，搅拌钩已无法将面团卷起。搅拌到这个程度的面团，已不能用于面包制作。

5. 面团搅拌的特性

(1) 面团搅拌的物理效应　面团搅拌的物理效应主要体现在两个方面。一方面是通过搅拌机的不断运动，使面粉、水及所有原料充分混合，促使面粉水化完全，形成面筋，面团成为既有一定弹性又有一定延伸性的面团。另一方面由于搅拌而产生摩擦热，使面团温度升高。

（2）面团搅拌的化学效应　面团在搅拌时，空气不断地进入面团内，产生各种氧化作用，从而使面筋形成了三维空间结构。

【业务经验】

怎样确定最佳的搅拌时间？

确定何时停止继续搅拌，应被视作面包师最重要的技能之一。可以按以下方法确定最佳阶段：观察面团。检查面团是否达到最大紧度，没有多余水分，表面光滑，不再粘到搅拌机的缸壁上，面团吸收空气所产生的气泡有声响（唧唧的声音）。这些特点显示面团正达到最佳的扩展阶段，这个时候需要特别留意。

●小知识

面筋薄膜测定

步骤：①从搅拌器上取一小块面团；②用指尖小心地将面团向四周延伸（图3-3）；③评估面团的状态。

当薄膜有以下特点时就继续搅拌：很容易裂开、断开，面团不光滑，且断口呈齿牙状。

当薄膜有以下特点时就停止搅拌：透明光滑，很薄并且无锯齿状，不易破裂、断开。

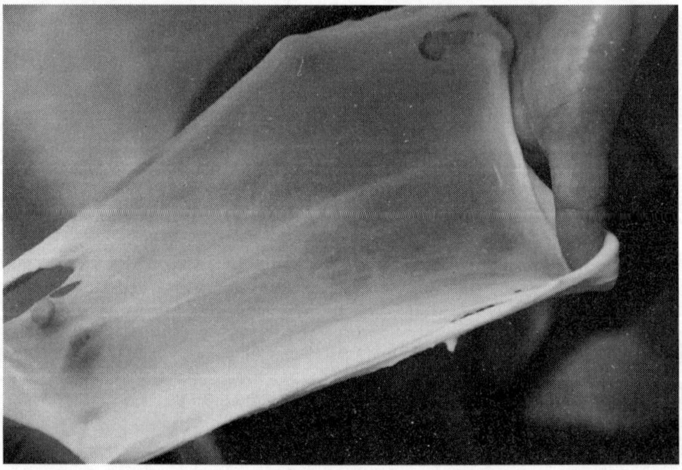

图 3-3　面筋薄膜（九成扩展）

【工作任务实施记录与评价】

1. 学徒实操技能评价

考核内容	考核要求与标准	自我赋分	师傅赋分
1. 原辅料识别（20 分）	①熟悉面包制作的原料名称； ②能根据产品选择原辅料； ③明确各种原辅料的功能与作用。		
2. 原料选定配比（15 分）	①以面粉的用量为标准，明确原料的基本配比； ②能根据辅料使用的变动，调整原料配比关系。		
3. 原辅料的预处理（15 分）	①会正确进行面粉的预处理操作； ②能对其他原辅料进行预处理； ③能根据面团调制要求，进行水温调节。		
4. 面团搅拌方法（20 分）	①能根据面团特点，明确面团搅拌的投料顺序； ②熟悉几种面团搅拌方法的特点； ③掌握 1～2 种面团搅拌方法的操作要点。		
5. 面团搅拌的阶段判断（30 分）	①能按照面团要求，正确进行面团调制； ②熟悉面团搅拌的 4 个阶段的特征； ③能判定面团搅拌的 4 个阶段，并确定面团搅拌成熟状态。		
总计			

2. 学徒关键职业能力及职业品质、工匠精神评价

项目	A	B	C	D
工作态度				
吃苦耐劳				
团队协作				
沟通交流				
学习钻研				
认真负责				
诚实守信				

3. 学徒的考核

项目	85 分以上	70～85 分	60～70 分	不合格	权重
面团搅拌					50%
面团搅拌需要考虑的因素					20%
面团搅拌终点的判断					20%
与其他操作技术人员的交流与合作					5%
学徒手册					5%
总体平均					

任务 2.2　软质面包生坯的整形与成形

软质面包生坯的整形，就是将发酵完成的面团做成各种形状，使面包成熟后有不同的花色造型。整形工序包括分割和称量、搓圆（滚圆）、中间醒发（静置）、整形、装饰、装盘等。成型（最后醒发）是面包造型与烘烤前的关键阶段，往往影响面包的品质。

【任务目标与质量要求】

1. 根据产品要求进行面团分割，会判断发酵到什么阶段可以分割成型。准确计算分割面团的重量，确保面包坯重量一致；使用分割搓圆机进行面团的机械分割，控制好面团分割的总时间。通过手工或分割搓圆机搓圆，注意搓圆过程中撒粉不能太多，防止面团分割。

2. 整形操作要规范，按照计划能做出均一的面包形状。采用整形机整形时，要根据面团性质和整形机进行调整，整形分为压片、卷折、压紧三个环节，整个过程中注意撒粉量控制在面团质量的1%以内，防止成品内部有孔洞。

3. 装盘合理。装盘前对烤盘和面包模具进行涂油（或涂聚硅酮树脂）处理，烤盘温度与室温接近；根据数量、形状选择摆放方式，确保质量、尺寸和表面质量保持一致，放置时面团放在面包听底部的中央，且面团接缝处向下。

4. 控制最终醒发的条件和时间。最终醒发是面包进烤炉前的最后一个阶段，也是影响面包品质的关键环节。对醒发阶段操作要多加小心，避免出错。醒发温度范围控制在 35～38 ℃，湿度为 80%～85%。

5. 烘烤前装饰。在烘烤前利用不同的技巧完成装饰。烘烤前刷蛋液，注意刷蛋液的动作要轻柔，刷入量以蛋液不从表面流下为宜；表面有装饰材料的则使用量不宜过多。

【学习产出目标】

1. 熟练掌握面包整形的基本技能；

2. 学会面包坯整形的步骤与手法。

【工作程序与方法要求】

<table>
<tr><th>序号</th><th>工作程序</th><th>操作步骤</th><th>注意事项</th></tr>
<tr><td rowspan="2">1</td><td rowspan="2">面团的分割与滚圆</td><td>操作准备
1. 衡器的准备
配置适宜的衡器，保证面团分割称重准确。
2. 刮板的准备
手工切割面团一般采用不锈钢或塑料刮板分割，在分割面团前应准备好与面团软硬匹配的刮板；机械分割前调试好设备。
3. 撒手粉的准备
准备少许撒手粉，帮助面团的切割。</td><td rowspan="2">面团在分割时需考虑面坯在烘烤中的损耗，一般为面坯重量的10%左右。
现代焙烤企业常采用现代的分割机、滚圆机进行面团分割和滚圆，分割和滚圆一次成形。</td></tr>
<tr><td>操作准备
(1) 将电子秤等衡器调至工作状态，待用。
(2) 将经过中间醒发的面团分割成适宜的大小。
(3) 将面团分割成所需大小、称重，达到工艺要求的重量。
(4) 按面团大小不同，选择用单手揉或双手揉的手法将面团滚圆，达到质量标准。</td></tr>
<tr><td>2</td><td>中间醒发</td><td>(1) 在干净的操作台面上撒少许干粉。
(2) 将滚圆的面团排列整齐。
(3) 为防止面团的干裂，可用塑料纸盖于面坯上。</td><td>中间醒发的目的是让面团在滚圆时受压的面筋得到恢复，使面团更具弹性及柔韧性，但松弛时间不能过长，否则会造成成品外形变形。</td></tr>
<tr><td>3</td><td>面包生坯的成形</td><td>操作准备
1. 模具的准备
如吐司模、汉堡模等。
2. 工器具的准备
(1) 衡器：花色面包的制作需要将面团分割成更小的面团。
(2) 擀面杖：配置适宜的擀面杖。
(3) 刀具：切割面团用的刀具或刮刀。
(4) 刻模：甜甜圈等面包的制作需用刻模对面团进行刻制成形。</td><td>(1) 面团成形时，应尽快完成工作。
(2) 面团在装盘时应将不同性质、不同大小的面坯放在不同的烤盘中。
(3) 面团成形后应将面团收口处朝下码放。
(4) 面团放置在烤盘中时要疏密适当。</td></tr>
</table>

续表

序号	工作程序	操作步骤	注意事项
3	面包生坯的成形	**操作准备** 1. 辫子面包的成形 (1) 用擀面杖将经中间醒发的面团擀制成薄片。 (2) 运用双手卷的手法将面团卷制成形。 (3) 将面团搓成两头较细、中间较粗的纺锤状并排列整齐，完成面团的造型。 (4) 用双手将三根面团编制成中间较粗、两头较尖的辫子形状。 (5) 将成形后的面团均匀地放置在干净的烤盘上。 2. 吐司面包的成形 (1) 按制品大小的需要准备好带盖吐司模具。 (2) 取一面团，擀制成长条形，用双手卷的手法卷制成形。 (3) 将卷制成形的面坯排列整齐，静置。 (4) 将静置完毕的面坯进行第二次擀制和卷制成形。 (5) 按模具大小的不同将成形后的面坯按需放入模具内，用双拳将面坯压紧于模具底部，放置在烤盘上。	(1) 面团成形时，应尽快完成工作。 (2) 面团在装盘时应将不同性质、不同大小的面坯放在不同的烤盘中。 (3) 面团成形后应将面团收口处朝下码放。 (4) 面团放置在烤盘中时要疏密适当。
4	成型（最后醒发）	**操作准备** (1) 开启醒发箱，并检查醒发箱能否安全使用。 (2) 设定醒发箱的温度及湿度，检查温度及湿度是否达到醒发面团的要求。 操作准备 (1) 检查醒发箱水槽内水量是否充足。 (2) 检查醒发箱的电源是否接通。 (3) 检查醒发箱内部是否干净。 (4) 检查醒发箱设定的温度及湿度，如有偏差应进行修正。 (5) 醒发箱达到面团最后醒发的要求时，将放置成型后面团的烤盘放入醒发箱的搁置架上进行醒发。 (6) 经常通过醒发箱的玻璃门观察面团的发酵情况。	(1) 醒发过程中，不要经常打开醒发箱的门，以防止水汽散失。 (2) 按照先进先出的原则，防止面团醒发过度。 (3) 面团醒发后，取出时要轻拿轻放，否则会导致面坯塌陷。
5	入炉前装饰	**操作准备** 1. 装饰材料的准备 常用的装饰材料有鸡蛋液、酥皮料、葱油火腿等动植物料、沙拉酱等酱料、葡萄干等干果料。 2. 工器具的准备 蛋刷、片刀和剪刀。 **操作准备** 1. 蛋液的准备 将鸡蛋打入蛋盆内，用打蛋器将鸡蛋打匀；去除表面泡沫，备用。 2. 最后造型 用各种工具和手法对面团按成品要求进行最后装饰，最基本的工艺方法有刷、剪、压、撒、切、割等；用蛋刷蘸取少量蛋液，轻轻地将蛋液均匀刷于面坯的表面；用各种装饰材料装饰各种面坯表面。	(1) 刷蛋液的动作要轻柔，刷入量以蛋液不从表面流下为宜。 (2) 装饰材料的使用量不宜过多。

【业务知识】

一、软质面包生坯的分割

（1）分割与称量　将发酵成熟的面团按成品面包要求切块、称量，为整形做准备。面团分割时需考虑面团烘烤时的损耗重量，一般面团重量为产品重量加上烘烤损失重量。

（2）面团分割的方法　分割有手工操作和机械操作两种。手工分割效率低、劳动强度大，但面团受伤小、在炉内胀发大，筋力较弱的面粉也能做出好的面包。机械分割效率高，但比用手分割引起的面团组织的破坏要严重。

二、软质面包生坯的滚圆

1. 搓圆（滚圆）

将分割出来的不规则的小面块用手或用特殊的滚圆机器搓成圆形，防止面团继续发酵时气体的逸出。

2. 面团搓圆的作用

通过面团的搓圆，面团表面重新形成一层薄薄的表皮，使面团内部组织结实、结构均匀，表面光滑有光泽。

面团搓圆具有以下的作用：

（1）压出 CO_2 气体，补充氧气，并使所分割出来的面团外围再形成一层皮膜，以防新生气体的失去，同时使面团膨胀。

（2）恢复因切块而破坏的面筋网络结构。

（3）使分割的面团有一层光滑的表皮，在后面操作过程中不会发黏，使烤出的面包表皮光滑好看。

3. 面团搓圆的方法

搓圆的方法有手工搓圆和机器搓圆两种。采用手工搓圆的方法操作时，将面团放置在操作台上，手心向下，用五指握住面团，向下轻压，在面板上顺一个方向旋转，将面块搓成圆形。搓至表面光滑即可，不能过度揉搓，以免造成刚形成的表皮被撕破，影响成品质量。搓圆后收口向下放置，避免面团在醒发或烘烤时收口向上翻起形成表面的褶皱或裂口。图 3-4 为手工搓圆。

三、面团中间醒发的含义

中间醒发也称静置，俗称“松弛”，指滚圆后到整形之间的发酵。滚圆完成的面团必须经短暂休息，减少机械加工而产生的硬化状态，并且使受损伤的面块通过醒发得

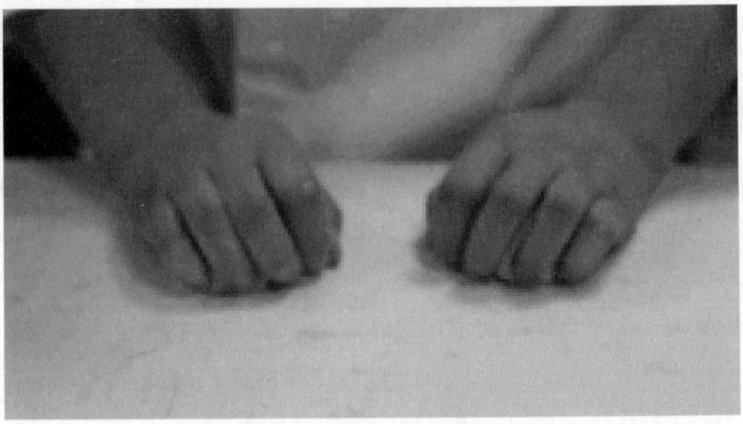

图 3-4 揉圆（手工搓圆）

到复苏，恢复失去的弹性、柔软性、延伸性等性质。

四、 面团中间醒发的要求

中间醒发一般在常温环境下，醒发时间应根据面团的性质及整形要求灵活掌握。夏天或室内温度较高时可直接将面包坯放在操作台上，表面覆保鲜膜，避免表面结皮。

中间醒发条件：26～28 ℃，相对湿度在 70%～75%，时间 10～15 min。面团体积可比松弛前增大八成左右。

五、 影响面团中间醒发的因素

常温环境下进行的中间醒发，大多数都是依靠本身的温度和水分的蒸发来调节的。如果环境温度太低，那就要求密闭要好，防止温湿度的下降；如果环境温度太高，面团表面会出现软化、风干等缺陷。

六、 软质面包生坯的成型方法

1. 面团成型的含义

面包面团成型是指把面团做成产品所需要的形状，使面包外观达到一致。

2. 面团成型的方法

面团成型分为手工成型和机械成型两种方法。一般情况下，手工成型多用于花色面包和特殊形状面包的制作；机械成型多用于形状简单的面包的制作，并且产量较大。

面包面团手工成型的主要操作手法有揉圆、搓条、包馅、捏制、压制、擀制、卷、切、割等，每个技术动作都有其独特的功能，可视成形的需要，相互配合使用。见图 3-5。

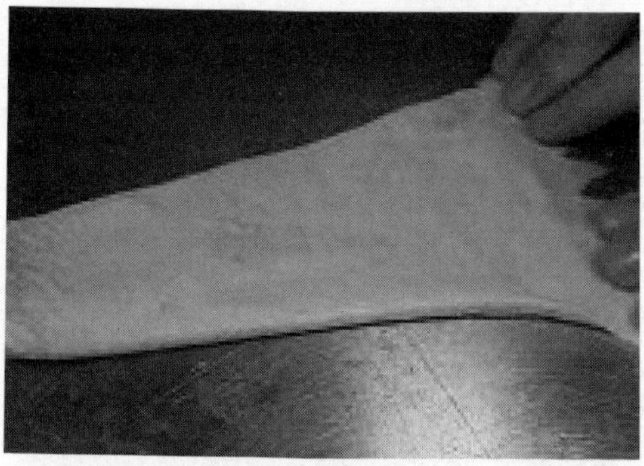
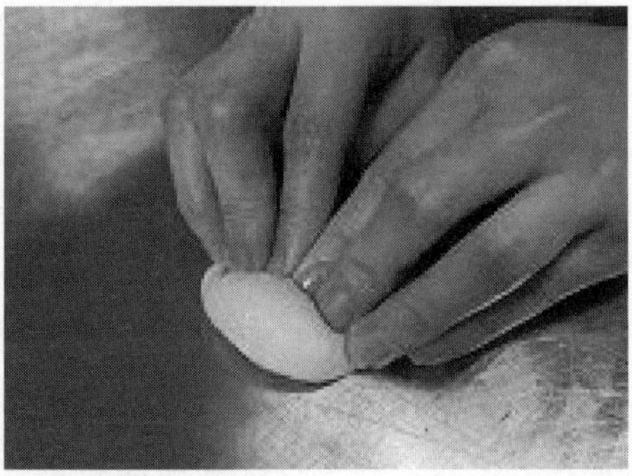

图 3-5　面团成形（擀、卷）

七、 软质面包面团的装盘

面团成形后，将面团放置在模具或烤盘中进行最后醒发的过程。

1. 面包模具的使用方法

采用具有不沾涂层的模具，这种模具表面光洁，不易粘面团。连续使用模具时，刚出炉的模具必须冷却后才能使用。

2. 面包烤盘的使用方法

烤盘在使用前，应将烤盘内污物取出，清理干净，如使用有不沾涂层的烤盘，不能用锐器铲刮，以防止损坏烤盘。如使用一般材料的烤盘，可在其表面涂一层薄油，以防止面团与烤盘粘连。

3. 面团装盘的方法

将面团或模具放入烤盘内，要做到面团或模具间的间距均匀一致，不要出现面团放置在一头的现象，这样会造成面团相互挤压、变形。见图 3-6。

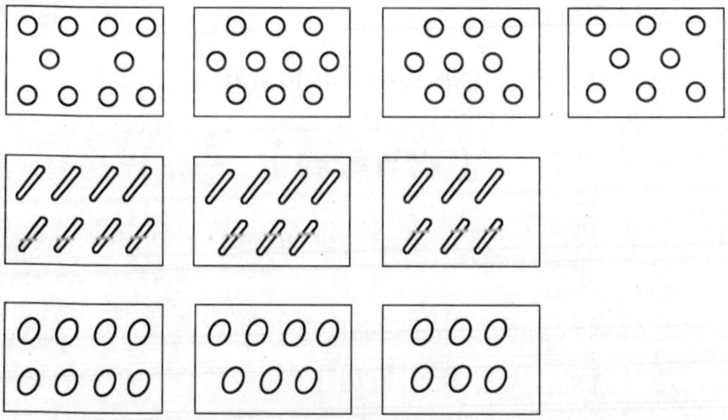

图 3-6　面包坯摆放形式

圆形面包选用 4-2-4 或 3-4-3 或 3-3-3 或 3-2-3；长条形面包选用 4-4 或 4-3 或 3-3 摆放；椭圆形面包选用 4-4 或 4-3 或 3-3 摆放。

八、 软质面包成熟前的装饰

1. 成熟前装饰的方法

成熟前进行装饰是软质面包的一大特色，是反映生产者聪明才智和生产工艺技术的重要方面。经过装饰，软质面包往往具有花色繁多、口味独特的特点。常用的烤前装饰方法是表面撒粉、刷蛋液、表面划刀剖面和用调理料装饰。

图 3-7　刷蛋液

2. 成熟前装饰的作用

（1）在面包表面刷蛋液，不仅能使面坯表面产生光亮感，同时会增加面包的营养价值，见图 3-7。

（2）在面包表面划刀剖面，是为了便于装入花色面包的调理料，也是为了使面包在烘烤时加速成熟。见图 3-8、图 3-9。

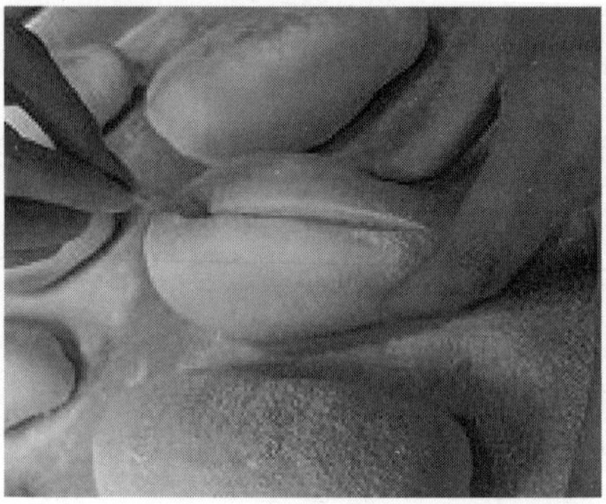

图 3-8　表面划刀口

图 3-9　辅料装饰

（3）调理料的品种繁多，经过表面装饰，花色软质面包品种多样，口感各异。

【业务经验】

正确使用擀面杖的方法

（1）左右平衡拿好擀面杖。擀面杖和面团的中部对齐重合，左右两边露出的部分也要保持相等长度，这样就能左右平衡地施加压力。

（2）身体的中央线和面团的中央线重合。重合身体的中央线和面团的中央线，这样能够均等地施加压力。擀面杖、身体以及面团都和正中心重合好。

（3）从中心向两边擀。从中心部分向上边擀然后退回到中心，然后再从面团的中心部向下部擀，使面团的中心点始终是起始点。

（4）不要用力过度。用力过度会使面团的表面裂开。切记不要用手来把面团抻开。稍微施加一点来自体重的压力即可。

【工作任务实施记录与评价】

1. 学徒实操技能评价

考核内容	考核要求与标准	自我赋分	师傅赋分
1. 面团的分割、搓圆（20分）	1. 能正确使用衡器； 2. 准确计算面团质量； 3. 能安全使用分割搓圆机械。		
2. 中间醒发（15分）	1. 能明确中间醒发的作用和目的； 2. 能根据实际的生产条件，确定中间醒发的条件与时间。		
3. 面团生坯的整形（30分）	1. 会正确进行面团生坯的整形； 2. 能正确操作整形机并进行面团整形； 3. 能根据面包生坯大小性质等合理摆盘。		
4. 最后醒发（20分）	1. 能根据面团特点，明确面团最后醒发的条件； 2. 熟练操作与维护醒发设备； 3. 能准确判断面包坯最后醒发的终点。		
5. 烤前装饰（15分）	1. 能根据产品特点，进行产品装饰材料的准备； 2. 熟练掌握4～5种烤前装饰的手法。		
总计			

2. 学徒关键职业能力及职业品质、工匠精神评价

项目	A	B	C	D
工作态度				
吃苦耐劳				
团队协作				
沟通交流				
学习钻研				
认真负责				
诚实守信				

3. 学徒的考核

项目	85 分以上	70～85 分	60～70 分	不合格	权重
面团分割、称重					25%
面包坯的整形					40%
中间醒发、最后醒发					20%
烤前装饰					5%
与其他操作技术人员的交流与合作					5%
学徒手册					5%
总体平均					

任务 2.3　软质面包的成熟

软质面包的成熟是面包生产的关键工序之一。经过烘烤、油炸等工艺，发生了一系列物理、化学、生物及微生物的变化，面坯由一块生面团变为体积膨大、疏松柔软、造型美观的面包。

【任务目标与质量要求】

根据产品种类及产品特点，选择面包成熟的方法；熟悉烤箱的操作规程运用，并安全使用烤箱成熟软质面包；根据产品成熟方法要求，能运用油炸锅成熟软质面包；明确产品烘烤成熟的标准，依据标准进行烘烤终点判断，生产合格的软质面包。

【学习产出目标】

1. 面包成熟的原理；
2. 面包烘烤成熟的工艺；
3. 面包成熟的方法和注意事项；
4. 油炸锅的使用方法；
5. 软质面包成熟的鉴定方法。

【工作程序与方法要求】

序号	工作程序	操作步骤	注意事项
1	面包烘烤成熟	使用烤箱将软质面包生坯烘烤成熟 1. 接通烤炉电源； 2. 按工艺要求设定烘烤温度，进行预热； 3. 烤炉达到预设温度时，打开炉门，放入已经完成装饰的面包坯料； 4. 设定烘烤时间，开始计时； 5. 按产品要求，如需喷射蒸汽的，烤炉带蒸汽装置的采用机械喷射蒸汽，如无则采用手工喷射水雾的方式对面坯进行处理； 6. 通过炉门玻璃窗观察面包烘烤状况； 7. 按工艺要求，对烤炉的温度进行调整，烘烤至产品成熟； 8. 取出，或脱模（有模具的面包），面包冷却； 9. 对需要烤后装饰的面包进行装饰。	1. 软质面包在醒发过程中，应将烤炉调至工艺所需温度进行预热，以防止面团醒发完毕，而炉温没有达到烘烤要求温度致醒发过度； 2. 应了解软质面包的馅料成分及配料成分，不同的原料需要不同的烘烤温度； 3. 在软质面包烘烤过程中，不要经常打开烤炉门，以防止影响面包的品质。
2	面包油炸成熟	油炸面包应准备好油炸炉或燃气灶、锅具、夹具等。 使用油炸炉将软质面包生坯油炸成熟 1. 开启油炸炉或燃气灶； 2. 在炉内加入油脂，设定温度，加热； 3. 油温达到工艺要求后，将成形完毕的面坯轻轻放入油锅； 4. 油炸初期，不要多搅动面坯，待基本成形后用夹具翻转面坯，油炸至面包成熟； 5. 面包炸至成熟后出油锅，放在沥油器具上沥干油脂或用吸油纸吸去多余油脂； 将糖粉均匀地筛在油炸面包的表面，完成制作过程。	1. 控制油温； 2. 油炸面坯忌用手拿，应用铲刀或刮刀取放，防止油炸面坯变形； 3. 掌握好炸制时油和生坯的比例； 4. 要使制品受热均匀。

【业务知识】

一、 烘烤成熟原理

烘烤即烘焙、焙烤，是面包加工的最后工序，也是关键的一道工序。在烤炉内热的作用下，生面包坯变成结构疏松、易于消化、具有特殊香气的面包。烤炉一般根据生产规模选择平炉、旋转炉、隧道炉等。

（一）热量的传递

烘焙过程中由热源将热量传递给面包的方式有传导、对流和辐射三种，这三种传热方式在烘焙过程中是同时进行的，只是在不同的烤炉中主次不一样。

（二）面包在烘焙过程中的变化

（1）温度的变化　在烘烤过程中，面包内部温度不超过 100 ℃，而表皮温度超过 100 ℃，面包内的水分不断蒸发，面包皮不断形成与加厚，直至面包成熟。烘烤温度过低，淀粉不能充分糊化；温度过高将使烘烤时间过短，会出现皮焦、瓤不熟的现象。

（2）水分的变化　烘烤过程中，面包中发生的最大变化是水分的大量蒸发，面包中水分不仅以气态方式向炉内扩散，也以液态方式向面包中心转移。当烘烤结束时，原来水分均匀的面包坯成为水分含量不同的面包。

（3）体积的变化　面包坯进入烤炉后，最容易观察到的是体积的增大。面包在烘烤中的体积变化，可分为两个阶段：第一阶段是体积增大阶段；第二阶段是体积不变阶段。

（4）淀粉的变化　面包坯在烘烤时温度逐渐升高，当升到 60 ℃左右时，淀粉颗粒大量吸水并开始糊化。淀粉糊化的程度与它吸收的水分和糊化温度有关。糊化的淀粉体积大大增加，并且变得柔软，它对面包体积和组织结构起着重要的作用。

（5）面筋的凝固　随着淀粉糊化的进行，面筋内所含的水不断被吸走，当面筋失去了一定的水分，并且面团内温度达到 74 ℃时，面筋变凝固，这个作用一直延续到面包出炉为止。面筋由原来的柔软而富有延伸性变为半坚硬的弹性薄膜结构，面包中心柔软且富有弹性，同时失去膨胀能力。

（6）酵母的变化　酵母在 38 ℃以下时产气能力加快，因此，在面包面团进入烤炉后，随着温度的上升，酵母的活性开始下降，温度至 50 ℃时酵母开始钝化，60 ℃便很快死亡。

（7）面包的颜色和香气的形成　烘烤时残留于面团表面的一部分糖和氨基酸，在表层温度达 150 ℃以上时发生美拉德反应，反应产物不仅是面包上色的最重要物质，而且也是产生面包香味的最重要的成分。一般在 190～220 ℃时，糖的脱水产物——焦糖对面包的色泽有一定作用，糖的裂解产物可增加面包风味。同时，面包的外表皮会生成多量的糊精，这些糊精状物质在高温下凝固不仅使面包色泽光润，而且也是面包香味的成分之一。

二、烘烤过程

面包烘烤成熟一般经过膨胀阶段、蒸发和定型阶段、上色阶段三个阶段。

1. 膨胀阶段

应当在较低温度和较高相对湿度（60%～70%）条件下进行。炉温下火（180～185 ℃）高于上火（120 ℃），以利于水分充分蒸发，面包体积最大限度地膨胀。对于最普通的100～150 g面包，需5～6 min。

2. 蒸发和定型阶段

随着面团温度升高，水蒸气大量蒸发，淀粉充分糊化，面筋质变性凝固，面团停止膨胀。此时面包内部温度达到50～60 ℃，在这一阶段，面团结构和形态已形成并完全固定下来。这一阶段占全部烘烤时间的1/2。面包体积已基本上达到成品体积要求，此阶段需要提高温度使面包定型。上火、下火可同时提高，为200～210 ℃（最高可达270 ℃），时间为3～4 min。

3. 上色阶段

面包表皮颜色逐渐加深，最后达到所需求的颜色，同时面包的侧面也达到一定的坚实度，面包不易凹陷。此阶段的主要作用是使面包表皮上色和增加香气。应上火温度高于下火。

三、面包烘烤成熟的工艺

面包的烘烤主要应控制好烘烤温度、相对湿度及时间。各种不同的产品，烘烤时需要不同的温度及相对湿度，一般面包烘烤的适用温度为190～230 ℃。

1. 温度的要求

软质面包烘烤温度为190～220 ℃。如果温度过高，容易造成上色过深，皮焦内不熟。一般来说，辅料较少、体积较小的主食面包烘烤温度高，体积较大及粗的面包烘烤温度较低。同时，有无模具一起烘烤，也是考虑温度设置的因素之一。

2. 相对湿度

在烘烤过程中，对于特殊的产品如硬式面包还需要湿度较大的烤炉，因此需要在烤炉内喷入蒸汽以增加烤炉湿度，可以防止面包表皮过早凝结，有利于面团的膨胀，增大面包的体积，以使产品产生光滑的表皮。对于已经保持一定湿度的面团，也可以直接烘烤。

3. 烘烤时间

软质面包的烘烤时间为15～35 min。烘烤时间应依温度高低、面包大小、炉内湿度、面包种类、模具、烤盘及面包形状等因素而定，温度高烘烤时间短，反之则长。一般高成分配方需要低温长时，低成分配方需高温短时。

4. 软质面包的质量标准

（1）组织结构　成熟的软质面包内部组织松软，蜂窝均匀，口味甜咸适中。

（2）色泽　成熟的软质面包成品色泽应金黄、均匀。

（3）形态　成熟的软质面包成品造型整齐、端正，大小一致，软硬适中，不煳不生。

四、软质面包油炸成熟的工艺

面包的油炸成熟是利用油脂在高温下的传导、对流热使面坯成熟的原理。

1. 油炸炉的工作原理

油炸炉一般具有油温自动控制系统。常用的为电加热油炸炉，油炸炉内有加热管，通电后产生热量而加热油脂，当油温达到工艺要求后，即可油炸面包，使面包成熟。

2. 面包油炸成熟的要求

（1）油品的要求　油脂的质量是保证油炸面包质量的重要因素。油炸面包应首选植物油脂，也可选用氢化油脂。氢化油脂发烟点高，不易氧化变质，不产生泡沫，面包表面不产生油腻感。

（2）油温的设定　油炸面包的油温一般控制在 180～190 ℃，最高不要超过 200 ℃，正常吸油率 15%～20%。

（3）时间的控制　油炸面包的时间一般控制在 4～5 min，炸好后要沥去或用吸油纸吸去多余油脂。

3. 面包油炸成熟的质量要求

油炸面包成熟后应达到成品应有的形状，表面均匀，色泽棕黄，松软，内不含油。

【业务经验】

面包在烘烤过程中发生的物理变化

（1）面包在烘烤过程中的体积变化　体积是面包的最重要的质量指标。面包在烘烤中的体积变化，可分为两个阶段：第一阶段是体积增大阶段；第二阶段是体积不变阶段。

（2）面包在烘烤过程中的温度变化　在烘烤过程中，面包内外温度的变化，主要是由于面包内部温度不超过 100 ℃，而表皮温度超过 100 ℃，面包内的水分不断蒸发，面包皮不断形成与加厚，直至面包成熟。

（3）面包在烘烤过程中的水分变化　在烘烤过程中，面包中发生的最大变化是水分的大量蒸发，面包中水分不仅以气态方式向炉内扩散，又以液态方式向面包中心转移。

（4）面包在烘烤过程中的表面上色和香气的形成　烘烤过程中当面团表层温度达 150 ℃以上，面团中一部分剩余糖和氨基酸便发生美拉德反应，使面包上色，产生香味。焦糖化反应产生的物质（焦糖、挥发性的醛、酮类物质），增加面包的色泽和风味。面包的外表皮会生成多量的糊精，这些糊精状物质在高温下凝固不仅使面包色泽光润，而且也是面包香味的成分之一。

（5）面包在烘烤过程中重量变化　重量损耗主要是水分，另外还有少量酒精、CO_2及其他挥发性物质，重量损耗一般在10%～13%。

【工作任务实施记录与评价】

1. 学徒实操技能评价

考核内容	考核要求与标准	自我赋分	师傅赋分
1. 烤炉的使用与维护（50分）	（1）能进行烤炉的清洁清理； （2）能进行烤炉的温度设置与预热； （3）能安全使用石板炉和蒸汽功能。		
2. 产品烘烤成熟（50分）	（1）根据产品特点进行产品烘烤温度的设定； （2）能根据实际的烘烤温度和产品色泽，确定烘烤的终点，并进行产品的冷却。		
总计			

2. 学徒关键职业能力及职业品质、工匠精神评价

项目	A	B	C	D
工作态度				
吃苦耐劳				
团队协作				
沟通交流				
学习钻研				
认真负责				
诚实守信				

3. 学徒的考核

项目	85分以上	70～85分	60～70分	不合格	权重
面团烘烤的内容					40%
烤前、后装饰的内容					20%
工器具准备、使用与维护					20%
与其他操作人员、技术人员等的交流与合作					10%
与品管人员的交流					5%
学徒手册					5%
总体评价					

任务 2.4　软质面包的冷却

冷却工序是面包生产中不可缺少的生产过程。因为面包刚出炉时，温度较高，表皮干脆，包心则很柔软，缺乏弹性。此时如立即进行切片，由于面包太软，没有一定的机械承受力，容易破碎，增加损耗，且很难顺利进行，切好后面包两边也会凹陷，若立即进行包装，则因面包温度过高，容易凝结出水珠，导致面包容易发霉。

【任务目标与质量要求】

刚出炉的面包温度高，面包经不起挤压堆放，容易破碎和变形造成次品。经过冷却后的面包表皮也由干、脆变柔软，其中心温度要降低 32 ℃，达到水分动态平衡，整体水分含量 38%～44%；冷却过程既要有效（即迅速地降低面包温度），又不能过多地蒸发水分，以保证面包既要有一定的柔软度，适宜于切片或包装，同时又能提高食用品质和延长保鲜期。

【学习产出目标】

1. 了解冷却的目的；
2. 熟悉冷却过程的变化；
3. 掌握冷却要求与技术；
4. 学会冷却方法。

【工作程序与方法要求】

序号	工作程序	操作步骤	注意事项
1	冷却	冷却环境：在 24～26 ℃无菌、清洁卫生的环境下快速完成。 冷却方法：根据实际情况选择自然冷却法和吹风冷却法。自然冷却是在室温下冷却，这种方法时间长，如果卫生条件不好易使制品被污染。吹风冷却法是用风扇吹冷，冷却速度较快。因自然冷却所需时间太长，故现在大部分工厂采用吹风冷却法。	在冷却过程中，由于面包本身温度比较高，而外界温度较低，因此一般先从面包外表皮开始降温，逐渐向内推移，内部散热则较慢，所以测定面包切片中温度以包心为准。不论采用哪种方法冷却，确保面包内部冷透，冷却到室温为宜。

续表

序号	工作程序	操作步骤	注意事项
1	冷却	冷却操作：盒形面包出炉后即可倒出冷却。摆放时，面包之间不要挤得太紧，要留有一定空隙，以便空气流通，加快冷却速度。圆形面包出炉后，不宜立即倒盘，应连盘一起放在移动式冷却架上，待冷却到面包表皮变软并恢复弹性后，再倒在冷却台上，冷却至包装所要求的温度。	冷却中影响面包质量损耗的因素有： 1. 气流相对湿度：相对湿度越大，质量损耗越小；反之质量损耗越大。 2. 气流温度：气温低，面包外表面的蒸汽压降低，水分蒸发缓慢，质量损耗减少。反之，温度高，面包质量损耗大。 3. 面包的含水量大小：含水量越大，在冷却中的损耗越大。 4. 质量相同的面包，其体积越大，损耗越大。
		冷却要求：在冷却过程中，面包从高温降至室温时，要根据面包大小、中心温度达到 35 ℃。其质量的损耗随面包的大小不同而在 2%～5%，平均为 2.5%左右。	
2	包装	包装材料：首先必须符合食品卫生要求，不得直接或间接污染面包；其次，应不透水并尽可能不透气；再则，包装材料要有一定的机械性能，便于机械化操作。	产品烘烤后到包装前要避免任何手工接触，避免微生物污染风险。包装区的人员通道要采用更高的卫生标准，包装区空气需要过滤净化，室内温度和湿度也要严格控制。比较大的温差可能会导致包装类产品出现露水，导致面包变质发霉。对于包装前需要切片的吐司类产品，冷却时间短的情况下，切片机的刀片可能会成为污染来源，要每天或定时清理，用紫外线和臭氧消毒。更换不同类型产品，比如白面包、高纤维面包，含有巧克力或果脯等原料的面包时，也要注意及时清理消毒。
		包装环境：温度在 18～22 ℃，相对湿度在 40%，最好设有空调设备。当面包中心冷却到 28～38 ℃，进行包装是比较适宜的。	
		包装步骤：如卫生条件不好，也容易生霉变坏。为了避免水分的大量损失，防止面包干硬，保持面包的新鲜程度，保证产品质量，冷却好的面包一般要及时进行包装。	

冷却是烘烤后的面包温度下降到环境温度的过程。冷却阶段需要在 24～26 ℃无菌、清洁卫生的环境下快速完成。冷却时间要根据面包大小、中心温度到达 35 ℃所需要的时间来确定。冷却时间过长，水分流失过多，面包会快速老化变硬。如果冷却时间不足，虽然面包看起来会很柔软，但是在包装内可能会产生水汽，导致面包在保质期内发霉变质。

冷却的方法可根据实际情况选择自然冷却法和吹风冷却法。自然冷却法是在室温下冷却，这种方法时间长如果卫生条件不好易使制品被污染。吹风冷却法是用风扇吹冷，冷却速度较快。因自然冷却所需时间太长，故现在大部分工厂采用吹风冷却法。

面包出炉时，水分很不均匀，表皮在烘烤时接触的温度高且时间长，水分蒸发很多，显得干燥、硬脆。出炉后，面包的水分进行重新分布，从高水分的面包内部散发到面包外表，再由外表蒸发出去。最后，达到水分动态平衡，表皮也由干脆变得柔软，适宜于切片或包装了。

在冷却过程中，面包从高温降至室温时，其质量的损耗随面包的大小不同而在2%～5%，平均为2.5%左右。小面包的质量损耗大、大面包的损耗小。

【业务知识】

一、 面包的冷却

随着面包的冷却，面包内外的温差产生剧烈的变化。外壳接触到冷空气以后，很快就可以冷却下来。但是内部的温度很难马上降下来，因为面包瓤心的热量需逐渐透过面包层传到外壳才会慢慢地冷却下来，一般面包瓤心需冷却到35 ℃。

1. 冷却目的

刚出炉的面包温度高，表面温度170～180 ℃，中心温度98 ℃左右，且水分分布不均匀，外表皮水外只有15%左右，而面包内部的水分为42%左右。皮硬没有弹性，经不起外界压力，稍用手指一碰就会压扁，压坏的面包不能再弹起来，这种面包吃起来好似面疙瘩，影响面包固有的形态和风味，不经冷却直接热包装的面包，会出现以下问题。

（1）刚出炉的面包表皮硬瓤心软，包装易损坏面包皮，压坏面包组织。

（2）刚出炉的面包温度高，散发大量热蒸汽，包装后水蒸气会冷凝为水滴，组织浸水状，表皮软化及变形起皱，且易导致微生物（霉菌）生长使质量败坏。

（3）对于切片的面包，刚烤好的面包表皮高温低湿，硬而脆；内部组织过于柔软易变形，切片操作困难。

为解决以上问题，在面包进行包装或进行进一步的深加工工序前，要进行冷却。在冷却过程中，温度逐渐降低，外皮降温快，内层降温慢，形成温度梯度差，内部热量向外扩散，水分从中心向表皮扩散，可以使外层水分增加而有所软化，使内层水分进一步蒸发和冷却而变得具有一定硬度，用手指按压，手一松面包就会迅速恢复原状。此过程还损失1%～3.5%的重量，一直冷却到室温即可包装。

2. 冷却过程的变化

（1）温度　面包出炉时，除了表皮温度高于100 ℃外，其余部分的温度相差无几，为98～99 ℃，出炉后，面包置于室温下，由于存在着较大的温差，聚集在面包表皮的热便在辐射作用下迅速散去，而内部散热则较慢。测定面包切片中温度以包心为准。

（2）水分　面包出炉时，水分很不均匀，表皮在烘烤时接触的温度高且时间长，水分蒸发很多，显得干燥、硬脆。面包内部的温度则较低，在烘烤阶段的最后几分钟达到 99 ℃，故水分蒸发小，显得较为柔软，出炉后，面包的水分进行重新分布，从高水分的面包内部散发到面包外表，再由外表蒸发出去。最后，达到水分动态平衡，表皮也由干脆变得柔软，适宜于切片或包装了。

水分转移、蒸发的速度，取决于大气蒸汽压。蒸汽压又与气温有关，温度越高气压越大，蒸汽压越大则水分蒸发越慢。冬天大气蒸汽压低，面包表皮水分蒸发速度快，一下子失水太多，温度骤然下降，表皮收缩速度太快，造成面包表皮破裂、发硬、内部发黏。夏天则大气蒸汽压高，面包表皮水分蒸发慢，需要延长冷却时间，或降温冷却，否则切片、包装都不利。尤其是湿度大的梅雨季节，更要注意面包的冷却时间。

3. 冷却要求与技术

冷却后的面包，其中心温度要降低 32 ℃，整体水分含量 38%～44%，总的要求是：既要有效、迅速地降低面包温度，又不能过多地蒸发水分，以保证面包有一定的柔软度，提高食用品质和延长保鲜期。

面包在冷却阶段损失多少水分才理想，很难确定，必须视烘烤情况而定。烘烤时面包水分损失较多，冷却时便要尽力减少损失；反之，则可让其蒸发较多水分。一般损失水分在 2%～3%。

盒型面包出炉后立即倒出冷却。不能让面包再在面包盒内，以免影响冷却速度和面包盒流转。圆形面包（包括汉堡包等）出炉后可暂缓倒出，待冷却到表皮变软并恢复弹性后，再倒出冷却。

4. 冷却方法

冷却操作要注意的问题是控制水分的蒸发损失，面包冷却时，如空气太干燥，面包蒸发太多的水分，面包表皮会裂开、面包变硬、品质不良。如相对湿度太大，蒸汽压小，面包表皮没有适当地蒸发，甚至于冷却再长时间也不能使水分蒸散，结果会导致面包好像没有烤熟，切片、包装都因面包过软而困难。

冷却最简单的方法是自然冷却。该法无需添置冷却设备，节省资金，但不能有效地控制损耗，冷却时间也太长，受季节影响也较大。

为了加速面包的冷却，目前有如下三种常见的方法。

（1）空气冷却　在密闭的冷却室内，出炉面包从最顶上进入，并沿螺旋而下的传送带依次慢慢下行，一直到下部出口，切片包装。在冷却室上面有一空气出口，最顶上的排气口将面包的热带走，新鲜空气由底部吸入使面包冷却，这种方法一般可使冷却时间减少到 2～2.5 h，但这种方法不能有效控制面包水分损耗。

（2）空调冷却　通过调节冷却空气的温度和湿度，使冷却时间减少，同时可控制面包水分的损耗。目前国外已有很多工厂采用该法。其形式有箱式、驾车式、旋转式、输送带式等，箱式较简单及经济，输送带式则在大型工厂应用较多，因所占空间较少。面包在适当调节的温度及湿度下，约 90 min 内可冷却。

（3）真空冷却　此种方法是现在最新式的，冷却时间只需 32 min。面包真空冷却设备包括两个主要部分：先在一个控制好温度及湿度的密闭隧道内使面包预冷，时间约 28 min；第二阶段为真空部分，面包进入真空阶段的内部温度约为 57 ℃，面包经过此减压阶段水分蒸发很快，因而带走大量潜热。在适当的条件下，能使面包在极短时间内冷却，而不受季节的影响。但此方法设备成本较高。

二、 面包的包装

面包保质期很短，在储运销售过程中很容易发生细菌引起的面包瓤发黏，霉菌引起的面包皮霉变和淀粉结晶和水分丧失引起的面包老化变硬。将面包包装后可保持面包清洁，防止面包变硬，增加产品美观，并可保持面包的风味。

1. 面包包装材料

选择包装材料时要求除卫生安全性、机械适应性和印刷适应性良好外，还要求其阻湿性、阻气性，以防止水分、香气及氧气透过。面包包装的材料种类较多，一般常用的有以下几种：

（1）耐油纸　或用半透明的玻璃纸，常用作内衬包装纸。

（2）白色焙烤纸　又名硫酸纸，是一种防油性能极好的纸张，也用作内衬包装材料。

（3）透明纸　俗称玻璃纸。防油性能极好，透明度很高，可直接用于外包装。

（4）聚乙烯　曾广泛用作面包的包装材料，但防油性较差。

（5）聚丙烯　透明度好，刚性强，印刷效果也比较理想。防油性不太好，耐寒性弱，冬天易脆裂。

（6）PE 复合薄膜　耐油性和阻气性都较好，印刷效果也很好，是目前比较理想的包装材料。铝箔复合薄膜，耐油性和阻气性极佳，印刷效果也很好。

常用的包装材料有两种，一种是纸制品包装，是以纸为原料制成的商品包装。对面包包装用纸应选择包装效果最佳的纸张，要求透气性小，抗拉强度高，延伸性小，耐破裂力强等。另一种是塑料制品包装，是目前使用最多的种类，具有使用方便、透明度高的优点，一般都制成塑料袋，印有彩色商标图案，商品宣传效果很好。

2. 面包的包装方法

优良面包包装方法主要有简易折叠包装、袋式包装、收缩包装，也可以采用泡罩包装。

3. 面包的包装环境

包装环境适宜的条件是：温度在 22～18 ℃，相对湿度在 40%，最好设有空调设备。当面包中心冷却到 28～38 ℃，进行包装是比较适宜的。

【业务经验】

（1）包装的环境要求　严格的生产环境和人员卫生管理是保证产品质量和安全的基本条件。必须严格控制生产环境，对厂房和设备定期清洗、消毒。霉菌易在湿热环境下繁殖，采用紫外线、臭氧和清洁空气的杀菌方式都可以取得明显的预防效果。面包烘烤之后的冷却和包装区必须与其他车间隔离开，严格控制温度，过滤净化空气，让产品尽快冷却的同时避免污染。经过净化的空气清洁、凉爽，不仅可以改善车间卫生，同时还可以改善生产工人的工作环境。包装环境适宜的条件是温度 18～22 ℃，相对湿度 40%，最好设有空调设备。当面包中心冷却到 28～38 ℃，进行包装是比较适宜的。

普通面包生产车间温度比较高、湿度比较大，再加上面团搅拌过程中面粉的粉尘飞扬，这些都很容易导致产品受到污染。

（2）面包的包装材料　首先必须符合食品卫生要求，不得直接或间接污染面包；其次，应选用阻气阻湿包装；再则，包装材料要有一定的机械性能，便于机械化操作。部分厂家使用封入脱氧剂包装技术；一般面包仅使用小包装，利用周转箱贮运。

（3）包装的卫生要求　产品烘烤后到包装前要避免任何手工接触，避免微生物污染风险。包装区的人员通道要采用更高的卫生标准，包装区空气需要过滤净化，室内温度和湿度也要严格控制。比较大的温差可能会导致包装类产品出现露水，导致面包变质发霉。

冷却好的面包如果长时间暴露在空气中，水分容易很快蒸发而使面包外皮变硬，内部组织老化，失去了面包松软适口的特点及特有的风味。如卫生条件不好，也容易生霉变坏。为了避免水分的大量损失，防止面包干硬，保持面包的新鲜程度，保证产品质量，冷却好的面包一般要及时进行包装。经过包装的面包，既能保持面包的清洁卫生，减少微生物对面包的污染，又能增加产品的美观程度。

对于包装前需要切片的吐司类产品，冷却时间短的情况下，切片机的刀片可能会成为污染来源，要每天或定时清理，用紫外线和臭氧消毒。更换不同类型产品，比如白面包、高纤维面包，含有巧克力或果脯等原料的面包时，也要注意及时清理消毒。

【工作任务实施记录与评价】

1. 学徒实操技能评价

考核内容	考核要求与标准	自我赋分	师傅赋分
1. 面包的冷却（50 分）	1. 根据冷却方法确定冷却时间； 2. 判断冷却的标准要求； 3. 确保冷却产品的品质。		
2. 面包的包装（50 分）	1. 选取面包包装材料； 2. 选取面包包装方法； 3. 实施面包产品包装。		
总计			

2. 学徒关键职业能力及职业品质、工匠精神评价

项目	A	B	C	D
工作态度				
吃苦耐劳				
团队协作				
沟通交流				
学习钻研				
认真负责				
诚实守信				

3. 学徒的考核

项目	85 分以上	70～85 分	60～70 分	不合格	权重
面包冷却内容					40%
面包包装的内容					20%
冷却、包装设备的准备、使用与维护					20%
与其他操作人员、技术人员等的交流与合作					10%
与品管人员的交流					5%
学徒手册					5%
总体评价					

任务3
蛋糕生产

【专业知识准备】

蛋糕是以面粉、鸡蛋、糖类、油脂等为主要原料，以疏松剂、调味剂为辅料，经搅打充气、烘烤或蒸汽加热而成的松发、细腻、柔软、富有弹性的制品。

蛋糕是传统且具有代表性的西点，根据用料和加工工艺不同，可分为清蛋糕和油脂蛋糕两大类。

清蛋糕按加工方式不同，分为海绵蛋糕和戚风蛋糕。海绵蛋糕是清蛋糕类最常见的品种之一。海绵蛋糕根据蛋糕原料搅打方法不同，可分为全蛋搅拌法和添加乳化剂的全蛋搅拌法。

海绵蛋糕的用途极广，经过模具成形、切割、卷制、抹制等方法可制成各种款式的清蛋糕类点心，也可做装饰蛋糕的坯料。

油脂蛋糕是配方中含有较多油脂的松软蛋糕制品，油脂蛋糕按油脂的比例不同，分为重油蛋糕和轻油蛋糕两类，油脂蛋糕的制作根据搅打工艺不同，分为油糖搅拌法、油粉搅拌法及全料搅拌法。经过模具成形、切割、抹制等方法，可制成各种款式的油脂蛋糕类点心，也可做装饰蛋糕的坯料。

装饰蛋糕类点心的成形，大多是在清蛋糕或油脂蛋糕上在进行再加工、装饰而成的。

各种类型的蛋糕除了所用材料不同外，加工工艺也有较大的区别。作为甜品甜点、小食品的蛋糕体积较小，通常是制成各种形状，熟化后简单装饰或不装饰。而用于各种庆祝场合的蛋糕体积比较大，以制作蛋糕坯料为基础，然后用挤糊、裱花等方法加入装饰。

蛋糕生产主要包括以下过程，如图3-10所示。

原料准备 → 面糊调制 → 拌粉 → 注模 → 烘烤 → 冷却 → 装饰

图 3-10　蛋糕生产工艺流程图

【蛋糕生产案例】

现计划生产面糊蛋糕 50 个，每个成品重 500 g。请列出详细的生产过程。

1. 生产前的准备工作

在进行蛋糕生产之前，首先做好以下准备工作，以确保蛋糕生产能够保质保量地顺利进行。

（1）确定生产蛋糕品种的工艺流程；

（2）检查生产必备的设备器具准备情况；

（3）检查原辅料的质量情况；

（4）检查原辅料数量；

（5）原辅料的预处理。

2. 烘焙基本计算

根据生产品种的数量和单品质量计算出产品总质量，通过产品总质量计算出实际需要的面糊总质量，继而算出面粉的质量和其他各原料用量。

3. 按照工艺流程进行生产

蛋糕的生产过程通常包括：原料准备、面糊调制、注模、烘烤、冷却、装饰等工序，面糊的调制主要是配料、搅打及原料的混合。

任务 3.1　蛋糕面糊调制

蛋糕面糊搅拌的作用主要有两个：一是将配方中所有原料混合均匀，形成光滑、均匀、无颗粒的面糊；二是凭借不同的搅拌器具和速度，在面糊中打入适量空气，使烤出的蛋糕具有膨大的体积和良好的组织结构。

【任务目标与质量要求】

掌握蛋糕的种类和制作蛋糕的主要原料，进行蛋糕配方平衡判断，能够对乳沫类、油脂类、戚风类蛋糕等进行配料；了解鸡蛋的性能和蛋糕的膨松原理，掌握搅拌机的使用方法，掌握蛋糕面糊的调制技术，在生产过程中能注意操作细节和卫生要求。

【学习产出目标】

1. 蛋糕的分类知识；
2. 了解制作蛋糕的主要原料；
3. 蛋糕搅拌设备的使用方法；
4. 能按海绵蛋糕、油脂蛋糕、戚风蛋糕配方配料；
5. 能用全蛋搅拌法调制海绵蛋糕面糊；能用油糖搅拌法调制油脂蛋糕面糊。

【工作程序与方法要求】

序号	工作程序	操作步骤	注意事项
1	配料	操作准备 1. 准备好衡器、容器、量具； 2. 检查衡器是否准确无误。 操作步骤 1. 将衡器置于平整的工作台面； 2. 调整衡器刻度至零位； 3. 称取各原料所需的重量； 4. 核对无误。	1. 容器、量具必须洗净、擦干，否则容易沾上原料，影响称重效果； 2. 使用精确度较高的衡器，比如膨松剂用量要求更精准； 按照配方要求选取原辅料，不能混淆。
2	海绵蛋糕面糊搅拌	操作准备 1. 工器具的准备、清洁：清洁打蛋盆、打蛋器、筛网、刮刀、塑料刮板、长柄刀、模具、烤盘等； 2. 设备检查、清洁：检查搅拌机，清洁搅拌缸； 3. 检查原辅料是否符合相关卫生要求。 操作步骤 1. 全蛋搅拌法 （1）面粉过筛； （2）将蛋液、白砂糖、食盐放入搅拌缸内快速或中速搅打，至蛋液体积膨胀3倍左右； （3）将搅拌速度调至慢速，加入已过筛的面粉； （4）再加入精制油或融化好的黄油； （5）搅拌均匀即可。 2. 添加乳化剂的全蛋搅拌法 （1）面粉过筛； （2）将蛋液、乳化剂、白砂糖、食盐放入搅拌缸内快速或中速搅打，至蛋液体积膨胀3倍左右； （3）将搅拌速度调至慢速，加入已过筛的面粉； （4）再加入精制油或融化好的黄油； （5）搅拌均匀即可。	1. 面粉选用低筋粉； 2. 鸡蛋需用新鲜鸡蛋； 3. 合理控制搅拌的温度，全蛋液在25 ℃打发性能最好； 4. 制作海绵蛋糕面糊时，搅拌鸡蛋的时间不宜过长； 5. 选用球状搅拌器，蛋液发泡性更佳； 6. 粉状原料（面粉、奶粉、抹茶粉等）先过筛，加入粉状原料时，宜用慢速，防止粉状原料飞溅； 7. 若选用熔化好的黄油加入面糊时，温度不能过高，否则会使面糊搅拌不匀。

续表

序号	工作程序	操作步骤	注意事项
3	油脂蛋糕面糊搅拌	操作准备 1. 清洁工器具：清洁橡胶刮板、裱花袋，准备模具或纸杯； 2. 检查、清洁设备：检查搅拌机是否可以正常使用，清洁搅拌缸； 3. 检查原料质量是否符合相关标准的要求。	1. 面粉选用低筋粉； 2. 选用优质的油脂； 3. 人造奶油熔点较高、融合性较好，奶香味不足，可在配方中适当增减油脂的比例； 4. 应选用细砂糖，使搅拌时容易拌匀； 5. 果料需经精细挑选，必要时可用朗姆酒、白兰地等浸泡并沥干，以免造成面糊下沉； 6. 搅拌要充分，至细腻、无大气孔； 7. 应选用桨状搅拌器搅拌油脂； 8. 用全料搅拌法搅拌面糊时，鸡蛋与坚果或干果可以稍后加入搅拌。
		操作步骤 1. 油、糖搅拌法 (1) 面粉过筛备用； (2) 将黄油、糖粉、盐放入搅拌缸内搅拌膨松； (3) 将搅拌速度调至中速，逐次加入鸡蛋，以快速搅拌至蓬松、细腻； (4) 加入已过筛的面粉搅拌均匀； (5) 最后加入其他配料，搅拌均匀。 2. 油、粉搅拌法 (1) 面粉过筛备用； (2) 将鸡蛋和糖粉搅打至稠厚，待用； (3) 将油脂、面粉用桨状搅拌器低速搅拌，待搅拌至没有粉末、质感湿润时即可，继续以中速搅拌至体积膨大、膨松且颜色泛白； (4) 分次加入已打发至稠厚的蛋、糖混合物，以中速搅拌至蓬松、光滑、细致； (5) 最后加入其他配料，搅拌均匀。 3. 全料一次搅拌法 (1) 面粉过筛备用； (2) 将黄油、面粉、糖粉一起投入，搅拌至细腻、松发； (3) 加入鸡蛋，搅拌均匀； (4) 最后加入其他配料，搅拌均匀。	

【业务知识】

一、 蛋糕的用料

1. 面粉

面粉选用低筋粉。若制作水果蛋糕时，可适当选择筋力高一些的面粉或在低筋粉中加入一些高筋粉，使面糊具有韧性，支撑果粒的重量，防止加进面糊内的果粒下沉。

2. 鸡蛋

新鲜鸡蛋。搅打前，全蛋液的温度一般控制在 25 ℃左右。

3. 白砂糖

选用白砂糖。在搅拌中，增加蛋液的黏度，砂糖与蛋液的摩擦增强了蛋液的起泡性。

4. 油脂

可用精制油和黄油。油脂蛋糕选用油脂，目的是利用油脂的可塑性、融合性、油性等特性。

（1）可塑性　可塑性好的油脂触摸时有粘连感，可做成各种形状。油脂与其他原料一起搅拌，可以提高坯料保存空气的能力，使面糊内有足够的空气，从而使蛋糕膨胀。

（2）融合性　融合性好的油脂，搅拌时面糊的充气性高，能产生更多的气泡。油脂的融合性和可塑性是相互作用的，其融合性使其易拌入空气，而可塑性使其易保存空气。

（3）油性　油性是蛋糕松软的重要因素。

5. 牛奶

用来调整面糊的稀稠度，并增加蛋糕内部的水分。

6. 乳化剂

使油和水形成稳定乳浊液的食品添加剂。乳化剂对蛋糕的发泡膨胀作用，能使面糊的密度降低，体积增大；使面糊中的气泡分布均匀，组织结构和质地细腻。

二、海绵蛋糕面糊搅拌

（一）制作海绵蛋糕的主要原料

制作海绵蛋糕的原料主要有鸡蛋、糖、面粉、盐和蛋糕乳化剂，根据蛋糕品种的需要，还可加入辅料（如巧克力酱、咖啡、可可粉、抹茶粉等）及乳液或溶化的油脂。

（二）海绵蛋糕的特点及膨松原理

1. 海绵蛋糕的特点

海绵蛋糕采用全蛋搅拌法，充分搅打鸡蛋而使其包裹空气，不加或加入少量油脂的蛋糕面糊在烘烤时受热而膨胀。烘烤出的成品组织如海绵般细腻，具有色泽金黄，质地松软，口感柔软、细腻、香甜等特点。

2. 海绵蛋糕的膨松原理

（1）蛋白的起泡性　蛋白是一种亲水性胶体，具有良好的起泡性，在糕点生产中具有重要意义，特别是在西点的装饰方面。蛋白经过强烈搅打，蛋白薄膜将混入的空气包围起来形成泡沫，由于受表面张力制约，迫使泡沫成为球形，由于蛋白胶体具有黏度和加入的原材料附着在蛋白泡沫层四周，使泡沫层变得浓厚坚实，增强了泡沫的机械稳定性。蛋白可以单独搅打成泡沫，用于生产蛋白类糕点和西点，也可以全蛋的形式加入糕点中。

（2）空气的作用　空气可以通过以下三种方式进入蛋糕混合物中：①干性物料过筛；②搅拌配料时拌入大量空气，这些空气受热后进一步膨胀，使蛋糕体积增大、膨松；③搅拌全蛋或蛋清时，带入大量空气。

（3）膨松剂的作用　化学膨松剂如小苏打、臭粉和泡打粉等，这些膨松剂会产生二氧化碳和氨气，使蛋糕体积膨大。

（4）水蒸气的作用　蛋糕在烤炉中产生大量水蒸气，蒸汽与蛋糕中的空气和二氧化碳一起使蛋糕体积膨大。

（三）海绵蛋糕面糊搅拌的工艺方法

1. 全蛋搅拌法

全蛋搅拌法是指将全蛋液和砂糖放在搅拌机内一起搅拌打发，至蛋液比原体积膨胀 3 倍左右而成乳白色的稠厚蛋糊后，加入过筛后的面粉调制的方法。如图 3-11 所示。

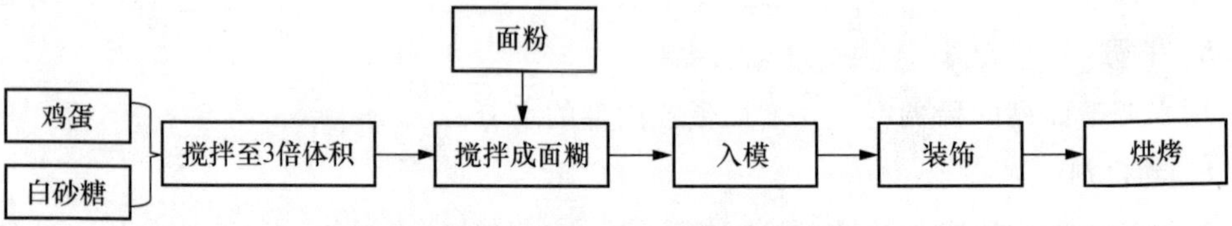

图 3-11　全蛋搅拌法工艺流程图

（1）所有工器具清洗干净后再使用；

（2）在全蛋液内加入砂糖一起搅拌打发，使蛋液体积增大 3 倍左右；

（3）加入过筛后的面粉，中速搅拌均匀；

（4）入模；

（5）入炉烘烤。

2. 添加乳化剂的全蛋搅拌法

添加乳化剂的全蛋搅拌法是指在全蛋液中加入砂糖、乳化剂搅打，至蛋液比原体积膨胀 3 倍左右成为稠厚面糊状后，加入过筛的面粉等原料调拌均匀的方法。如图 3-12 所示。

（1）在全蛋液中加入砂糖、乳化剂搅打至体积增大 3 倍左右；

（2）将过筛的面粉加入一起搅拌，使其均匀混合；

（3）加入熔化后的黄油或精制油，搅拌均匀；

（4）入模；

（5）入炉烘烤。

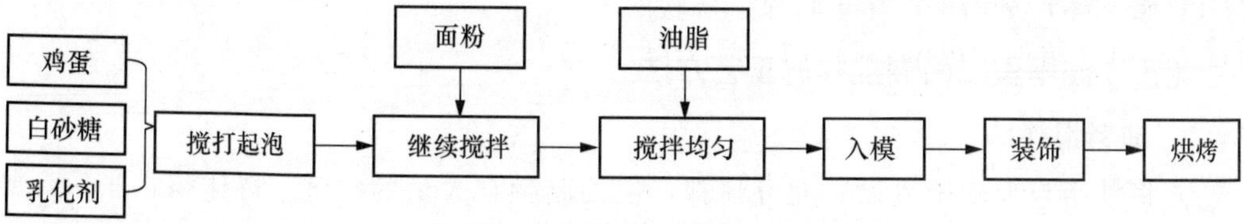

图 3-12　全蛋搅拌法工艺流程图

三、 油脂蛋糕搅拌

（一）制作油脂蛋糕的主要原料

根据配方不同，油脂蛋糕的用料有差异，有些配方中添加膨松剂使产品膨松，有的配方中增加油脂、蛋液用量来使产品膨松。主要原料是油脂、砂糖、鸡蛋、面粉，根据蛋糕具体品种的需要，还可加入辅料，如干果、坚果、浆果、耐烘烤巧克力豆及熔化好的巧克力。

（二）油脂蛋糕的特点及膨松原理

1. 油脂蛋糕的特点

油脂蛋糕是配方中含有较多油脂的一类松软制品。油脂蛋糕具有良好的香味、柔润的质感，入口香甜，回味无穷。

油脂蛋糕按配方中油脂含量的不同可分为重油脂蛋糕和轻油脂蛋糕。

重油脂蛋糕是指配方中油脂含量为60%～100%的蛋糕。因为油脂含量高，可以在搅拌过程中拌入大量空气，使蛋糕在烘烤中达到应有的体积与细腻的组织。

轻油脂蛋糕是指配方中油脂含量为30%～60%的蛋糕。因为油脂含量低，需在配方中加入适量的泡打粉或小苏打，以使蛋糕在烘烤时产生足够的气体，从而帮助体积膨胀。重油脂蛋糕和轻油脂蛋糕的区别见表3-4。

表 3-4　重油脂蛋糕和轻油脂蛋糕的区别

项目	轻油脂蛋糕	重油脂蛋糕
油脂用量	30%～60%	60%～100%
内部组织	松软	紧密
蛋糕质量	粗糙	细密
烘烤温度/℃	180～190 ℃	160～180 ℃

2. 油脂蛋糕的膨松原理

在搅拌过程中，油脂中拌入了大量的空气，并产生气泡；加入蛋液继续搅拌，油脂蛋糕面糊中的气泡就随之增多。这些气泡在烘烤时因受热膨胀会使蛋糕体积膨大，质地松软。此外，在制作蛋糕制品时可加入一些食品膨松剂等，在成熟过程中能产生二氧化碳气体，从而使产品更膨松、松软。

（三）油脂蛋糕面糊搅拌的工艺方法

1. 油糖搅拌法

先将油脂与细砂糖或糖粉充分搅拌，使油脂融合大量的空气，待体积膨胀后，分次加入鸡蛋搅拌均匀，再将其他配料依次加入并搅拌均匀。

采用桨状搅拌器将油脂（奶油、人造奶油等）搅打开，加入过筛的砂糖充分搅打至呈淡黄色、膨松而细腻的绒毛状，再将全蛋液呈缓慢细流状分数次加入上述油脂和糖的混合物中，每次均须充分搅拌均匀，然后加入过筛的面粉（如果使用乳粉、发粉，需预先过筛混入面粉中），轻轻混入浆料中。最后，加入水、牛乳（香精、色素若为水溶性可在此时加入，若为油溶性要在刚开始加入），如果有果干、果仁等可在此时加入，混匀即成油糖法油脂面糊。用这种方法调制的油脂蛋糕有黄油蛋糕、黄油水果蛋糕、核桃蛋糕等，也可以用做覆面装饰蛋糕的坯料。如图 3-13 所示。

图 3-13　油糖搅拌法工艺流程图

2. 油粉搅拌法

采用桨状搅拌器将油脂（奶油、人造奶油等）与过筛的面粉（比奶油量稀少）一起搅打成蓬松的膏状，加入砂糖搅拌，再加入剩余过筛的小麦粉，最后分数次加入全蛋液混合成面糊（牛乳、水等液体在加完蛋液后加入）。最后加入牛乳、水、果干、果仁等混匀即可。油脂用量较少的油脂蛋糕可以用这种搅拌方法。如图 3-14 所示。

图 3-14　油粉搅拌法工艺流程

3. 全料搅拌法

将全部原料放在一起搅拌（蛋液可以稍后加入），至面糊细腻为止。油脂含量比例较高的油脂蛋糕可以用全料搅拌法搅拌。如图 3-15 所示。

图 3-15　全料搅拌法工艺流程

四、面糊温度、密度的控制

（一）面糊温度控制

搅拌后面糊的温度关系到烤好后蛋糕的体积、组织和品质的好坏。油脂类蛋糕尤其要注意控制面糊温度，因为油脂会因温度高低显示不同稠度，从而影响面糊的稠度。影响面糊温度的最大因素是气候的变化。冬天气温、室温、原料温度均过低，要使搅拌的面糊达到标准，应将配方内的水和蛋加温。而夏天室温与原料温度均高出标准要求，又需要使用部分冰或冰水来降温。

标准油脂蛋糕面糊的温度应为 22 ℃左右。用这个温度的面糊烤出来的蛋糕膨胀性最好，蛋糕的体积最大，内部组织细腻。为使搅拌后的面糊温度在任何气温下都能保持在 22 ℃左右，最好的办法是用水温控制。适用水温的计算公式如下。

适用水温＝（6×理想面糊温度）－（室内温度＋面粉温度＋糖温度＋油温度＋蛋温度＋摩擦升温）

摩擦升温系面糊搅拌过程中因摩擦生热而引起的温升。摩擦升温的计算公式如下。

摩擦升温＝（6×搅拌后面糊温度）－（室内温度＋面粉温度＋糖温度＋油温度＋蛋温度＋水温度）

当计算出的使用水温低于自来水温时，就需要用冰块来降温。加冰量的计算公式如下。

$$\text{加冰量}=\frac{\text{配方内总水量}\times(\text{实际水温}-\text{适用水温})}{\text{实际水温}+80}$$

（二）面糊密度控制

面糊密度是测定其充气程度的重要指标，是判断蛋糕搅拌程度是否得当的重要依据。面糊在搅拌过程中不断地充入空气，空气充入越多，面糊密度越小，成品蛋糕体积越大，内部组织也较疏松。但如果搅拌过度，充入的空气太多，面糊密度变得过小，则成品蛋糕内部组织粗糙，气孔多，烘烤时蛋糕受热较快，容易使烤出来的蛋糕水分损失太多而变得干燥，口感差，形状也不规整。如果搅拌不足，则充入的空气少，面糊密度大，入炉后膨胀无力，成品体积小，内部组织紧密、坚韧。所以每种蛋糕因选用原料不同、搅拌工艺不同，面糊密度亦不同。因而每一种蛋糕在搅拌时都有一定的密度标准，以此作为参照，如果烘烤时炉温控制得当，所烤出来的蛋糕一定是优质的好蛋糕。

面糊密度的测定方法是先称出一个平底量杯的质量，然后将量杯注满水后称出量杯和水的总质量，以此总质量减去量杯质量，即为此满杯水的质量。把水倒掉，再用此杯装满面糊，在装面糊时注意杯中不要留有气囊，也不要将量杯在桌上拍打，以免将面糊内的空气囊震破失去准确性。用刮刀将量杯口的面糊抹平，去掉多余面糊。再把盛装面糊的量杯放在秤上称出量杯和面糊的总质量，然后以此总质量减去量杯质量，即为此满杯面糊的质量。再以面糊的质量除以相同体积水的质量，即得到此面糊的密度。公式如下：

$$面糊密度=\frac{相同体积面糊的质量}{相同体积水的质量}$$

【工作任务实施记录与评价】

1. 学徒实操技能评价

考核内容	考核要求与标准	自我赋分	师傅赋分
1. 鸡蛋分离（10分）	1. 掌握鸡蛋消毒程序（浸泡、冲洗、沥水、消毒、冲洗）； 2. 掌握鸡蛋分离技巧，保证蛋清中无蛋黄，蛋黄中无明显蛋清； 3. 掌握蛋液过滤技巧与标准。		
2. 配料（15分）	1. 根据产品要求准备各种原料，正确完成原料的预处理，配料顺序安排合理； 2. 按产品的标准配方计量所需的原材料，误差不超过±1%； 3. 配料过程中卫生清理及时；配料案台保持整洁； 4. 粉类干性材料过筛三次，筛粉动作正确，无严重扬粉。		
3. 蛋白打发（20分）	1. 能判断加白糖的时机与蛋白打发的程度； 2. 了解车间温度及蛋清温度对蛋白打发的影响（室温25 ℃、蛋清温度17～22 ℃）； 3. 了解蛋白比重的测量方法及注意事项（透明塑料杯，保证蛋白无空气）		
4. 面糊搅拌（40分）	1. 能掌握乳沫蛋糕和戚风面糊搅拌程序，确保投料顺序正确； 2. 能判断面糊的搅拌程度是否达到标准（面糊细腻、无起筋）； 3. 能判断室内温度及水温对面糊搅拌的影响； 4. 能控制好搅拌过程中的卫生，确保缸外及地面上无外洒现象。		
5. 面糊搅拌质量控制（15分）	1. 依据产品种类特点，选定原料并说明； 2. 能根据产品需求，选定面糊搅拌方法并说明； 3. 能对面糊搅拌过程进行质量控制，确保面糊质量符合要求。		

2. 学徒关键职业能力及职业品质、工匠精神评价

项目	A	B	C	D
工作态度				
吃苦耐劳				
团队协作				
沟通交流				
学习钻研				
认真负责				
敬业精神				

3. 学徒的综合考核

项目	85 分以上	70～85 分	60～70 分	不合格	权重
蛋糕原料知识					30%
面糊搅拌的原理					20%
面糊搅拌的方法与操作要点					40%
与其他技术人员的交流与合作					5%
学徒手册					5%
总体评价					

任务 3.2　蛋糕生坯成形

蛋糕面糊搅拌完成后，应立即进入下一道工序——生坯成形（装模或装盘）。因为蛋糕面糊属于稀料，必须装入模具中或烤盘内进行成熟定型。烘烤完成后的蛋糕坯可以是成品，也可能只是半成品，需要进一步地装饰成形。因此，装盘（模）是蛋糕制作中非常重要的一个环节，操作的好坏不仅影响蛋糕外观形态，也影响着蛋糕内部组织与颗粒状态。

【任务目标与质量要求】

了解蛋糕模具的种类和用途，蛋糕面糊的入模量标准，根据产品特点选取相应的模具。按照不同类型蛋糕面糊特性，正确选用模具，能够按照海绵蛋糕与油脂蛋糕的成型方法和要求制作海绵蛋糕生坯、面糊蛋糕生坯。制作的蛋糕生坯符合生产质量标准。

【学习产出目标】

1. 了解蛋糕模具的种类和用途，以及蛋糕面糊的入模量标准；
2. 能够按海绵蛋糕的要求用模具进行成形；
3. 掌握油脂蛋糕模具的种类和用途；
4. 能够按油脂蛋糕的要求用模具进行成形。

【工作程序与方法要求】

序号	工作程序	操作步骤	方法要求
1	海绵蛋糕生坯成形	操作准备 1. 准备、清洁烤盘； 2. 准备、清洁模具； 3. 在模具内垫衬纸； 4. 将模具或纸杯排列在烤盘上。 纸杯成形 1. 将纸杯放在烤盘上； 2. 将面糊装入裱花袋； 3. 将裱花袋口剪去； 4. 将面糊挤入纸杯内，以七八成满为宜； 5. 轻轻敲动烤盘。 模具成形 1. 在模具内垫衬纸； 2. 将模具放在烤盘上； 3. 将面糊装入裱花袋； 4. 将面糊挤入模具内； 5. 称取所需的重量（或装入七八成满）。	1. 海绵蛋糕面糊装入模具后应立即进行烘烤。避免剧烈震动，以防止面糊下陷，影响胀发成熟； 2. 注意烤盘、模具的清洁。烤盘、模具的清洁卫生关系到产品的质量。烤盘、模具在每次使用后都要擦洗干净，以备下一次使用； 3. 正确选择模具，并掌握蛋糕面糊入模量；蛋糕面糊入模量以七八成满为宜； 4. 用裱花袋裱挤入模成形时，应将裱花袋口子剪大一些，以免在成形时挤压面糊，造成面糊消泡，影响产品质量； 5. 模具或纸杯应排列有序，注意间隔距离，只有间隔距离均等，才能使烘烤时受热均匀； 6. 为了防止成熟的蛋糕坯黏附模具，在盛装蛋糕面糊之前，应在模具内衬垫纸； 7. 入模后面糊表面要刮平、整形，并轻轻震动烤盘或模具，使蛋糕面糊气孔均匀。
2	油脂蛋糕生坯成形	操作准备 1. 选择、清洁模具，模具内铺纸； 2. 准备工器具，如橡胶刮刀、面糊勺、挤花袋、衡器、烤盘等。 纸杯成形 1. 将面糊装入裱花袋； 2. 将面糊挤入纸杯中； 3. 称取所需要的重量（或装七八成满）； 4. 在面糊表面进行烤前装饰； 5. 轻轻震动烤盘。 模具成形 1. 在蛋糕模内垫衬纸； 2. 将蛋糕模放在烤盘上； 3. 将面糊装入裱花袋； 4. 将面糊挤入蛋糕模内； 5. 称出所需要的重量（或装七八成满）； 6. 在面糊表面进行烤前装饰。 烤盘成形 1. 准备干净的烤盘； 2. 铺纸； 3. 将面糊装入烤盘内； 4. 用塑料刮板刮平面糊表面； 5. 进行表面装饰。	1. 根据成品的要求和特点选择油脂蛋糕的模具； 2. 油脂蛋糕面糊的填充量要适宜，不能过多或过少，入模量以七八成满为宜； 3. 采用挤制灌模方法成形时要控制入模量，使制品均匀、一致； 4. 浇注灌模后，面糊表面一定要刮平。还需轻轻振动，使蛋糕面糊气孔均匀； 5. 为防止油脂蛋糕成熟后形状受损，应在模具四周刷一层油脂或垫一层纸； 6. 面糊入模时，有些制品的面糊可装在裱花袋里，裱挤在纸杯或模具内，较为方便。 7. 用半圆形塑料刮板刮干净搅拌缸内的面糊，以免造成浪费。

【业务知识】

一、海绵蛋糕生坯成形

（一）蛋糕模具种类

1. 常用蛋糕模具

蛋糕成形一般都要借助模具，一般常用模具的材料为铝合金，其形状有圆形、长方形、桃心形、花边形等，有高边和低边之分，还有固定底蛋糕模具和活动底蛋糕模具之分。选用模具时要依据蛋糕的配方、密度、内部组织状况的不同，灵活进行选择。

2. 小型点心模

制作蛋糕类小点心也可使用小型点心模，包括小型蛋糕模、小花蛋糕模，有船形、圆菊花边形等多种形状；有金属模，也有一次性铝塑模，可以根据品种的需要进行选择。

（二）蛋糕坯成形

蛋糕坯成形一般借助模具来完成，蛋糕原料经搅拌后，即可装入模具，用刮板刮平后进行烘烤。蛋糕坯的整体形状由蛋糕坯模具的形状决定。为了保证蛋糕成形的质量，蛋糕在成形时应注意以下几点：

1. 正确选择模具

常用的模具由铝合金制成，其形状有圆形、长方形等，还有高边和低边之分。海绵蛋糕的面糊中油脂成分少，组织松软，容易成熟，选择模具的范围比较广。

2. 蛋糕面糊的填充标准

依据打发的膨松度和蛋、糖、面粉的比例不同而不同，一般以填充模具的七八成满为宜。根据需要可在上面做装饰。以烤好的蛋糕刚好充满烤盘，不溢出边缘，顶部不突出，这时面糊容量就恰到好处。若装得过多，烘烤后的蛋糕膨胀溢出，影响制品美观，造成浪费；反之，若装得量太少，则在烘烤过程中会由于水分过多地挥发而降低蛋糕的松软性。

海绵蛋糕装模前需先将烤盘（模）垫纸，或刷油后再撒少许干粉，再倒入蛋糕浆料，装模操作应在 15～20 min 内完成，以防蛋糕糊中的面粉下沉，使产品质地变硬。

二、油脂蛋糕生坯成形

（一）油脂蛋糕模具的种类和用途

常用的油脂蛋糕模具有小型点心模，如塔模、船形模等。有的面包模具（如吐司模具等）也可盛装面糊，烤制油脂蛋糕。油脂蛋糕模具常采用纸杯、耐烘烤纸杯和一次性铝箔模，也可选用多连式烤盘、硅胶软模和双层空心菊花模。

（二）烤盘和模具的处理方法

(1) 抹油和撒粉　在模具内侧用毛刷抹上薄薄一层熔化的油脂之后，再倒入适量的高筋面粉，并利用摇晃模具的方法将面粉均匀地铺撒在抹有油脂的部分，最后将多余的面粉倒出。

(2) 模具铺纸　在模具内铺纸可以帮助脱模。长方形蛋糕模铺纸裁剪的方法是：将烤坯纸对折两次，裁剪掉多余的部分，再将四个角剪出缺口即可。

(3) 烤盘铺纸　烤盘铺纸适用于烘烤方盘蛋糕。取烤盘纸对折，从纸的两头斜剪4 cm左右的口子。这样烤盘纸铺在烤盘内不易滑动，便于紧贴在烤盘上。

【业务经验】

一、 海绵蛋糕装模注意事项

①海绵蛋糕面糊装入模具后应立即进行烘烤。避免剧烈振动，以防止面糊下陷，影响胀发成熟。

②注意烤盘、模具的清洁。烤盘、模具的清洁卫生关系到产品的质量。烤盘、模具在每次使用后都要擦洗干净，以备下一次使用。

③正确选择模具，并掌握蛋糕面糊入模量。蛋糕面糊入模量以七八成满为宜。

④用裱花袋裱挤入模成形时，应将裱花袋口子剪大一些，以免在成形时挤压面糊，造成面糊消泡，影响产品质量。

⑤模具或纸杯应排列有序，注意间隔距离，只有间隔距离均等，才能使烘烤时受热均匀。

⑥为了防止成熟的蛋糕坯黏附模具，在盛装蛋糕面糊之前，应在模具内垫衬纸。

⑦入模后面糊表面要刮平、整形，并轻轻振动烤盘或模具，使蛋糕面糊气孔均匀。

二、 油脂蛋糕装模注意事项

①根据成品的要求和特点选择油脂蛋糕的模具。

②采用挤制灌模方法成形时要控制入模量，使制品均匀、一致。

③油脂蛋糕面糊的填充量要适宜，不能过多或过少，入模量以七八成满为宜。

④浇注灌模后，面糊表面一定要刮平。还需轻轻振动，使蛋糕面糊气孔均匀。

⑤为防止油脂蛋糕成熟后形状受损，应在模具四周涂一层油脂或垫一层纸。

⑥面糊入模时，有些制品的面糊可装在裱花袋里，裱挤在纸杯或模具内，较为方便。

⑦用半圆形塑料刮板刮干净搅拌缸内的面糊，以免造成浪费。

【工作任务实施记录与评价】

1. 学徒实操技能评价

考核内容	考核要求与标准	自我赋分	师傅赋分
模具的选择（30分）	1. 了解模具的种类与特点； 2. 根据产品类型选择合适的模具。		
模具（烤盘）的处理（30分）	1. 烤盘内涂一层薄薄的油层； 2. 在涂过油的烤盘上垫油纸，或撒上干粉。		
面糊的盛装（40分）	1. 明确蛋糕面糊的装载量； 2. 定量盛装面糊； 3. 面糊表面进行烤前装饰。		

2. 学徒关键职业能力及职业品质、工匠精神评价

项目	A	B	C	D
工作态度				
吃苦耐劳				
团队协作				
沟通交流				
学习钻研				
认真负责				
诚实守信				

3. 学徒的考核

项目	85分以上	70～85分	60～70分	不合格	权重
面糊成形的内容					20%
模具（烤盘）的种类及特点					20%
面糊成形的操作要点					50%
与其他组员等的交流与合作					5%
学徒手册					5%
总体评价					

任务3.3　蛋糕成熟

蛋糕成熟是一项技术性较强的工作，是制作蛋糕的关键因素之一。面糊调制好后应尽可能快地进炉烘烤。不立即烘烤的蛋糕面糊，应连同烤盘一起冷藏，可降低面糊温度，从而减少膨发力引起的损失。

【任务目标与质量要求】

掌握蛋糕的烘烤原理，熟悉烤炉的性能，掌握烤炉的使用方法；了解蛋糕的属性和性质、烘烤温度要求等，根据蛋糕产品烘烤需要做好烘烤前的准备；按照蛋糕的种类和大小设置烘烤时间，依据烘烤成熟标准判断烘烤终点，做好出炉处理；烘烤的产品达到色泽金黄、质地松软、口感细腻香甜，符合生产质量标准。

【学习产出目标】

1. 掌握海绵蛋糕成熟的工艺方法和鉴定方法；
2. 能够按海绵蛋糕的要求进行烘烤、成熟；
3. 掌握油脂蛋糕成熟的鉴定方法；
4. 能够按油脂蛋糕的要求进行烘烤、成熟。

【工作程序与方法要求】

序号	工作程序	操作步骤	方法要求
1	烘烤前的准备（20 分）	1. 了解待烘烤的蛋糕的属性与性质； 2. 熟悉烤炉性能； 3. 预热烤炉。	1. 明确待烘烤蛋糕的所需的烘焙温度和时间； 2. 熟悉烤炉的特点； 3. 按照操作规程提前预热烤炉。
2	烘烤温度和时间的控制（30 分）	1. 按照蛋糕的性质和烤盘（模具）、产品大小设置烘烤温度； 2. 根据产品的性质和烤盘（模具）、产品大小预设烘烤时间。	1. 明确蛋糕的配料特性； 2. 明确所用烤盘（模具）的材料、形状、大小或厚薄； 3. 明确产品烘烤时间。
3	烘烤成熟度检验（30 分）	1. 用手触法检验蛋糕成熟； 2. 用竹签检验蛋糕成熟。	能灵活运用成熟度的检验方法
4	蛋糕出炉处理（20 分）	1. 乳沫类蛋糕：出炉后立即翻转，正面向下置于蛋糕架上； 2. 油脂蛋糕：出炉后留置在烤盘或模具内 10 min 左右，待热度散发后，从烤盘内取出。	根据蛋糕类型做不同的出炉后处理

【业务知识】

蛋糕的烘烤环节不仅是使蛋糕成为熟食品的过程，也对蛋糕的色、香、味、形、质地起到重要作用。

蛋糕烘烤的过程如下：

（1）体积膨胀阶段　面糊内包含的其他受热膨胀，使面糊体积迅速增大；

（2）外观定型阶段　随着面糊温度升高，蛋白质凝固、淀粉糊化，制品的形态结构固定下来，体积不再增长。

（3）表面上色阶段　随着烘烤的进行，蛋糕表面失水，表皮温度升高，促进了焦糖化和美拉德反应的进行，蛋糕表皮颜色逐渐加深，最终形成诱人的金黄色、棕红色。

一、 海绵蛋糕成熟的工艺方法

（一）烘烤前的准备

①根据海绵蛋糕的性质，选定烘烤所需的温度和时间；

②熟悉烤炉的性能，正确掌握烤炉的使用方法；

③提前将烤炉预热，设定烘烤温度及时间，一般设置上火在 180～230 ℃，下火在 150～190 ℃，烤 20～25 min（视蛋糕的厚薄和有否模具）；

（4）准备蛋糕出炉、取出和存放的器具，保证后续工作有条不紊地进行。

（二）蛋糕烤盘在烤箱中排列

盛装蛋糕面糊的烤盘应尽可能地放在烤箱的中间部位，烤盘不应与烤炉壁接触，否则会影响产品的质量。

（三）海绵蛋糕成熟的鉴定方法

出炉前，应鉴别蛋糕成熟与否，可用以下几种方法进行判断。若蛋糕已熟透，则可以从炉中取出，出炉后最好立即扣出，以防收缩，特别是模具蛋糕。

1. 目测

观察蛋糕表面的颜色是否达到产品的要求，产品的外观是否完整。成熟后的产品色泽应为金黄色，顶部不塌陷或微微隆起。

2. 手测

用手指在蛋糕顶部中央轻轻一按，松手后可复原，表示已烤熟；不能复原，则表示还没烤熟。

3. 使用竹签

用一根细的竹签插入蛋糕中心，然后拔出，若竹签上很光滑，没有蛋糊，表示蛋糕已熟透；若竹签上粘有蛋糊，则表示蛋糕还没熟透。如没有熟透，需继续烘烤，直到烤熟为止。

（四）影响海绵蛋糕产品成熟的因素

影响海绵蛋糕成熟的因素中以烤炉的温度和烘烤时间最为重要。因此，在烘烤海绵蛋糕时，应根据不同蛋糕的要求灵活掌握烤炉的温度和烘烤时间。

1. 产品的形状、大小、厚薄

在相同的烘烤条件下，产品的形状、大小、厚薄不同，烘烤温度和时间则不同。产品形状越大，体积越厚，所需的烘烤温度越低，时间越长；反之，产品所需的烘烤温度高一些，时间就短一些。其主要原因是为了保证较小、较薄的海绵蛋糕在烘烤过程中不失去过多的水分，成品蛋糕松软。

2. 配方中的含糖量

面糊配方中含糖量的多少直接影响产品烘烤时着色的快慢。含糖量高的海绵蛋糕的烘烤温度要比含糖量低的蛋糕烘烤温度低。

3. 烤盘及模具的材质

烘烤蛋糕时，所用的烤盘及模具的材质对产品的烘烤会产生重要影响。

二、 面糊蛋糕成熟的工艺方法

（一）烘烤前的准备

①熟悉烤箱的性能，正确掌握烤箱的使用方法。

②在混合配料前需把烤箱预热，蛋糕生坯进入烤箱时，已达到相应的烘烤温度。

③保证好蛋糕的出炉、取出和存放的空间，以及相应的器具，保证后面的工作正常进行。

（二）蛋糕烤盘在烤箱中排列

盛装蛋糕面糊的模具（烤盘）应尽可能地放在烤箱中心部位，模具各边不应与烤箱壁接触。若烤箱中同时放进多模具时，应摆放得使热气流能自由地沿每一烤盘循环流动，也不应接触箱壁。

（三）烘烤温度与时间

烘烤前设定烤炉的烘烤温度和时间。将装好的面糊的蛋糕模具放在烤盘上，入炉烘烤，待面糊表面结皮时取出，在正中划一刀，继续烘烤至成熟，出炉冷却、脱模，撕除烤盘纸。

蛋糕出炉后应及时脱模，可以较好地保护产品的完整性，还可避免因余温使蛋糕继续上色，而使蛋糕色泽过深。有垫纸的蛋糕脱模时，提起蛋糕的垫纸即可脱模。

1. 烘烤温度

为防止蛋糕内水分在烘烤过程中减少过多，避免烤焦，所以应使用中温 170～180 ℃。

2. 烘烤时间

面糊类蛋糕因为所含各种原料成分较高，而配方内总含水量又较其他蛋糕低，因此面糊也较为干硬和坚韧，在烘烤时需要较长时间。烘烤的时间应视蛋糕大小而定，一般在 45～60 min。

【业务经验】

蛋糕烘烤时的操作关键点有哪些？

（1）对常用坯子烤制温度参数熟练掌握；

（2）在烤制过程中对坯子的烤制状态准确判断（着色调头）；

（3）烤制产品颜色符合产品要求；

（4）能准确判断蛋糕生熟状态（用竹签插入产品内部，不粘面糊即熟）；

（5）中心温度检测符合标准（温度计呈 45°插入同批产品颜色最浅内部，要求 85 ℃以上）。

【工作任务实施记录与评价】

1. 学徒实操技能评价

考核内容	考核要求与标准	自我赋分	师傅赋分
烘烤前准备（20 分）	预热烤箱		
蛋糕在烤箱中的排列（30 分）	烤盘尽可能放置在烤箱中心部分，烤盘各边不应与烤箱壁接触		
烤箱温度与时间控制（30 分）	在烤箱操作时灵活控制好温度和时间，根据含糖量和其他材料的不同来控制，以及烤箱自身的条件来控制		
蛋糕成熟检验（20 分）	检验时用手指轻轻按压蛋糕表面或将牙签轻轻插入，若表面硬实应再烤一下，反之则说明已烤好，应立即取出		
总分			

2. 学徒关键职业能力及职业品质、工匠精神评价

项目	A	B	C	D
工作态度				
吃苦耐劳				
团队协作				
沟通交流				
学习钻研				
认真负责				
诚实守信				

3. 学徒的考核

项目	85 分以上	70～85 分	60～70 分	不合格	权重
烘烤前准备的内容					50%
烤炉使用需要考虑的内容					20%
产品烘焙成熟判断标准内容					15%
与其他人员及现场工人等的交流与合作					5%
学徒手册					10%

任务 4 西饼生产

西饼是指来源于欧美国家的焙烤类食品。西饼是以面粉、白糖、油脂、鸡蛋和乳品为主要原料，辅以干鲜果品和调味料，经过面团搅拌（面糊调制）、整形、烘烤、装饰等工艺过程而制成的具有特定色、香、味、形、质的焙烤食品，主要包括清酥类、混酥类（曲奇类、派类）、挞类、泡芙类等。

任务 4.1 清酥类西饼生产

清酥类糕点是将冷水面团、油面团互为表里，反复擀叠、冷冻制成基础面坯，再经成形、烘烤制成的一类层次清晰、质感酥松的点心。此类点心有甜咸之分，虽然没有任何膨松剂，但烘焙后却能膨胀到原有厚度的数倍。

清酥类糕点与起酥面包一样都属于擀制面团，但不同的是清酥类点心不含酵母，面团中的水分受热蒸发形成蒸汽，促使面团膨胀。

清酥类糕点又是制作工艺较难的产品之一，因为它的层次可以达到一二百层，擀制过程相当费时费力。清酥类点心的种类比较多，配方和擀制方法都有些变化。

【任务目标与质量要求】

1. 掌握清酥类西饼的加工原理；
2. 会选择生产清酥类西饼的原辅料；
3. 会清酥类西饼面团的调制；
4. 会包酥和开酥；
5. 掌握清酥类西饼的质量要求；

6. 能够处理清酥类西饼加工中出现的问题；

7. 能够主动获取信息，展示学习成果，对工作过程进行总结与反思，与他人进行有效沟通，团结协作。

【学习产出目标】

1. 熟知清酥类西饼的原辅料及作用；

2. 掌握清酥类制作原理及制作方法；

3. 学会制作清酥类产品。

【工作程序与方法要求】

序号	工作程序	操作步骤	注意事项
1	衡器的准备	准备称重的衡器及盛具 1. 检查衡器是否符合称重要求； 2. 检查衡器是否能正常启动，电子秤的显示是否正常； 3. 检查盛料的盛具是否符合卫生要求。	面粉勺、盛具、衡器，必须洗净擦干，否则容易沾上其他原料，影响称重效果； 对于称分量较轻的配料，如酵母、面包改良剂等辅料，最好使用刻度小的衡器，保证称重准确。
2	原材料的准备	检查原材料 1. 检查软质面包所使用的高筋粉是否符合要求； 2. 检查搅拌软质面包面团用水的温度是否符合要求。	在使用前应对容易受潮结块的乳粉等原料进行检查，防止使用结块的原料而影响产品质量。
3	配料单的复核	复核配料单 1. 根据制作产品的要求，认真复核配料单各原料的配置比例，保证配料正确； 2. 再次计算并确认产品产量要求与配料分量相同，防止多配料或少配料的现象发生。	认真复核计算，确保正确。
4	工器具的准备	1. 将搅拌机的搅拌缸擦洗干净； 2. 采用多功能搅拌机搅拌面团时，使用钩形搅拌头； 3. 准备好量杯等工具； 4. 将案板等擦洗干净，备用。	工器具要提前准备； 工器具要保持洁净。
5	面团搅拌	1. 搅拌机接通电源，并试机检查能否正常运转； 2. 将面粉、水、糖、乳粉、鸡蛋等原料倒入搅拌缸，慢速拌匀； 3. 搅拌机中、高速搅拌至面团光滑、柔软但还未扩展时加入油脂，中速拌匀；面团到达完全扩展状态时，加入盐，慢速搅拌均匀； 4. 将搅拌完成的面团放置在案板上，揉成光滑、柔软的面团。静置 15～30 min。	注意控制面团搅拌的速度； 注意控制面团搅拌的时间； 面团搅拌用的油脂应保持固体状态。

续表

序号	工作程序	操作步骤	注意事项
6	成型	1. 水果酥 把面团擀至3～4 mm厚度，用轮刀切成边长8～10 cm的正方形面块，在正方形面块的中央放上一小块水果（如黄桃、菠萝等），再用边角料切2条比正方形边长稍长的长条面块（宽度1 cm），并在两端分别沾上蛋液，成十字交叉形粘连在正方形面块边长的中点或正方形面块的四角上。粘连时长条面块要拧成麻花状。	(1) 能够执行水果酥的操作规程，树立良好的安全文明操作意识。 (2) 能按照要求和制清酥的水油面团。 (3) 会包酥和开酥。 (4) 能按要求制作出水果酥、水果盅、三角酥和松酥条。 (5) 能够主动获取信息，展示学习成果，对工作过程进行总结与反思，与他人进行有效沟通，团结协作。
		2. 水果盅 把面团擀至3～4 mm厚度，用有牙边的圆形压模压出模型，每两块做一个水果盅，其中一块做底，另一块做面。做面的这一块再用一个小的有牙边的圆形压模压出中间的小圆孔，成为一块中间有孔的圆片。然后于底面上刷蛋液，再放上面的一块，移于平烤盘上。	
		3. 三角酥 把面团擀至3～4 mm厚度，用轮刀切成边长8～10 cm的正方形面块，在正方形面块的一侧挤上莲蓉或豆沙，在两条直角边上分别沾上蛋液，对角折成三角形，压紧直角边，然后摆放在平烤盘上（烤盘不用扫油）。	
		4. 松酥条 把面团擀至3～4 mm厚度，用轮刀切成3～4 cm宽、10～15 cm长的小面块，再用轮刀于中间切割一刀（两端不切断），把其中一端穿入中心的孔内，并拉出，成麻花状，摆好在平烤盘上。	
7	烘烤与烤后装饰	1. 水果酥：摆放在平烤盘上（烤盘不用扫油），松弛一段时间后，扫上蛋液，入炉以面火220 ℃、下火175 ℃烤至熟。	能够运用所学知识，指出水果酥出现的质量问题并分析原因。
		2. 水果盅：松弛一段时间后，扫蛋液，面上放上一层牛皮纸，入炉用面火220 ℃、下火175 ℃，烤至有颜色后，降低面火或关掉面火，烤至熟透。取出，冷却后，于中间的孔内挤入打发的鲜奶油，上面再放一个带把的红樱桃。	
		3. 三角酥：松弛一段时间后，扫上蛋液，入炉以面火220 ℃、下火175 ℃烤至熟。	
		4. 松酥条：松弛一段时间后，扫上蛋液，于面上再撒少许葡萄干或杏仁片，入炉以面火220 ℃、下火175 ℃烤至熟。	

【业务知识】

清酥类是品种繁多的一类西式点心，又叫作松饼、层酥，民间也有称为千层酥的，是层次分明、松酥香脆的西式点心的统称。常见的清酥类产品有风车酥、水果酥、蝴蝶酥、三角酥、拿破仑酥、奶油酥等。清酥类制品的主要用料有面粉、白糖、油脂、鸡蛋、乳品等。

清酥类烘烤后体积能膨胀到烘烤前的8～10倍。清酥类配方中不含有任何膨大剂，膨胀能力的主要来源是两个方面：

一是湿面筋的烘焙特性。湿面筋具有良好的伸展性和弹性，可以像气球一样保存空气，并随着空气的张力而膨大。进炉烘烤时，面团里的水受热后产生水蒸气，烘烤温度越高，产生的水蒸气压力越大，湿面筋所受的膨胀力也越大，这样一层一层的面层不断受热膨胀，等到面筋内的水分完全被烤干为止，这样产品的体积比烘烤前膨胀8～10倍。高筋粉的湿面筋含量高，所做出的产品体积大；低筋粉的湿面筋含量低，不能忍受较多和较大的空气压力，所做出的产品体积小。

二是有产生层结构的材料，如夹心油脂。一层一层的夹心油脂与面皮互相隔绝，形成规则的面皮和油脂层次。首先湿面筋内的水分受热产生水汽压力，下层面皮所产生的水汽压力胀起上层的面皮，依次一层层逐渐胀大，最后每层的油脂受热熔化，渗入面皮中，取代原来的水分子，使每层面皮变成又松又酥的酥皮。

（一）原料选用

1. 面粉

制作清酥面坯的面粉要求使用蛋白质含量为12%左右的高筋面粉。因为筋力较强的面团不仅能经受住擀制中的反复拉伸，而且其中的蛋白质具有较高的水合能力，吸水后的蛋白质在烘烤时能产生足够的蒸汽，从而有利于分层。此外，呈扩展状态的面筋网络是多层薄层结构的基础。

如果面粉筋度太低，虽然容易整形，但不易使面团产生筋力，烘烤后制品层次不清，起发不大。因油脂较硬，整形时容易穿破面层，导致产品体积小。如果面粉筋度太高，则可能导致面层碎裂，制品回缩变形，同时整形操作困难。此时可添加一些酸性原料来降低面粉的筋度，如柠檬酸、醋、塔塔粉等。

2. 夹心油脂

制作清酥面坯的油脂有冷水面团中的油脂与油面团中的油脂。皮面中加入适量油脂可以改善面团的操作性能及增加成品的酥性。冷水面团油脂可用奶油、人造奶油，起酥油或其他固体动物油脂。油面团油脂宜采用熔点较高的油脂，既有一定硬度，又有一定的可塑性，这样，油脂在操作中才能反复擀制、折叠，又不至于熔化。熔点低的油脂在折叠时容易软化，产生“走油”现象，影响成品起酥效果。

传统清酥类糕点使用的油面团油脂是奶油或人造奶油，而现在已经普遍采用专用的片状起酥油。使用奶油虽能得到高质量的成品，但其熔点较低，操作不易掌握，特别是夏天，油脂熔化容易产生“走油”现象。所以，制作清酥类制品采用专用的片状起酥油，它具有良好的加工性能，给清酥类点心的制作带来了极大的方便。

3. 其他原料

（1）糖　基本不加糖或用量很少。

（2）水　冷水面团的弹性、可塑性、软硬度往往需要通过水分来调节，用水量为面粉量的50%～55%，而且必须使用冷水。

（3）面团内油脂　可用奶油或起酥油。其作用可以改善面团的操作性能及增加成品的酥性。

（4）食盐　食盐可以增加产品的风味，通常面团中的食盐用量为面粉量的1.5%。如果所使用的油脂中含有食盐时，应根据具体情况酌情减少加入的食盐。

（二）工艺流程

1. 调制冷水面团

调制冷水面团的方法有手工调制和机器调制两种，把面团搅拌至面筋扩展阶段。面团理想温度22 ℃。

（1）手工调制　先将配方中的面粉倒在案板上，加入黄油（切成小颗粒状）于面粉内并拌和均匀，然后再将鸡蛋液、水加入混合并揉成面团即可。面团的软硬度用水来调节。

（2）机器调制　将面粉、黄油、蛋液、水一起倒入搅拌机内拌成面团即可，面团的软硬度用水来调节。

2. 调制油脂面团

油脂面团的调制是先将油脂软化后放在搅拌机中慢速搅拌。然后加入面粉搅拌成油脂面团，将油脂面团取出放在工作台上，再将油脂面团用擀面杖制成所需形状，放入冰箱中冷藏。如果使用专用的酥皮油，则操作十分方便，一般来讲，酥皮油呈片状，每片有1 kg和2 kg的规格，按照制品所需的数量用擀面杖擀薄即可。

3. 面团的冷冻

面团搅拌完毕后，擀薄成约1 cm的长方形，放入冷冻柜内冷冻松弛一段时间，使面团冻硬。

4. 包油

包油是指用冻硬的面皮包入夹心油脂。包油的方法有：对折包油法、三折包油法、信封包油法。包油时关键是面团的硬度要与起酥油的硬度一致，不要包入空气，两边要压紧。

5. 折叠

把包好油后的面团擀开成长方形，使面团和油脂分布均匀，然后进行折叠。擀开时要注意厚度均匀、形状方正，可撒适量的面粉，折叠前扫净干粉。折叠的方法可以采用三折法或者四折法。具体使用哪一种折叠方法，由成品需要定。每次折叠前后要有足够的冷冻时间，一般为 20 min，但不宜过长，否则会导致面团干硬易裂。共折叠三次，最后一次折叠后，要放进冰柜冻硬。除手工操作以外，还可以使用酥皮机，既方便又利于保证质量。

6. 整形

把冻硬后的面团取出，擀薄成均匀的面片，厚度 4～6 mm(视不同的品种而定)。

整形时要注意下面几点：

①整形的面团不可冰冻得太硬，如太硬应放在工作台使其恢复适当的软度。

②擀薄时，面皮要厚薄一致，否则产品的形状不良，厚度一般在 0.4～0.6 cm。

③整形的动作要快，面皮在工作台上的时间太久会变得非常柔软，增加整形的难度，影响产品的膨胀和形状的完整。

④切割用的刀子应锋利，这样每一个分割的小面团四边的面皮与油层间隔分明，否则，面皮的边缘部分会粘在一起，影响产品的膨胀。

⑤切割时，面团不能太软，否则面皮的边缘部分也会黏合在一起，影响产品的膨胀。

⑥大面皮四边切剩下的不规则面皮，如果数量不多，可铺在下一块完整的面团上一起擀平，但数量不要超过新面团的 1/3。如果数量很多，可收纳在一起，擀平，再包入 1/4 的油脂，用三折法折叠一次或者两次，另外做一些膨胀力小的产品。

⑦整形后的面团平放在烤盘上，要留适当的间隔，烤盘不需要刷油。清酥类制品入炉前需有足够的松弛时间，否则入炉后会收缩，影响产品的外观质量。

⑧为了使产品表面具有颜色和光泽，产品入炉前可刷两次蛋液。刷蛋液还可防止表皮过早凝结，使产品在炉内能充分膨胀。如果产品体积比较大，烘烤时间较长，整形后不应刷蛋液，而应刷清水，否则会导致产品表面颜色太深。

7. 烘烤

温度控制：开始时用高火（225 ℃），等胀到最大后改用中火（175 ℃）烤至熟，表面呈金黄色至黄褐色。如烤炉有蒸汽，则入炉前最好通入少许蒸汽，但不能多。若炉温过高，表皮先行凝结，会使产品无层次、不酥松；炉温过低，则水汽后蒸发，油先渗出，即出现泻油现象。

8. 表面装饰

清酥类产品出炉后，可在表面刷糖浆或果酱，或撒些糖粉，也可加入水果等进行装饰。

【质量要求】

清酥类成品应层次分明，口感酥松、香软，外表呈金黄色至棕黄色，表皮酥脆。内部组织有层次，孔洞较大。

【常见质量问题及解决方法】

1. 清酥制品烘烤过程中收缩的原因

（1）面筋过强，或者在包油、折叠时擀压太厉害；

（2）整形后没有松弛就进炉烘烤；

（3）每次折叠后没有松弛；

（4）炉温太高。

2. 清酥制品漏油的原因

（1）包油、折叠不当；

（2）面团和包裹用油的软硬度不一致；

（3）包裹用油的熔点太低；

（4）使用低筋粉过多，擀开面团太大力；

（5）烘烤炉温过高或过低；

（6）面筋过分软化。

3. 清酥制品无层次或层次较少的原因

（1）夹心油用量不够；

（2）所用的夹心油起酥性不好；

（3）夹心油冷冻太硬，导致面皮层被刺穿而“走油”；

（4）整形前的面片厚度太薄。

4. 清酥制品出炉后体积收缩的原因

（1）烘烤不够，清酥制品内部未熟透；

（2）面团所用的面粉面筋太弱，无法支撑起产品；

（3）整形时切割不好，切面粘连；

（4）炉温太高，烘烤时间太短。

5. 清酥制品不够松酥的原因

（1）所用的夹心油起酥性不好；

（2）面团太硬；

（3）夹心油的用量不够；

（4）撒面粉太多或折叠时没有扫干净面片上的面粉。

【业务经验】

1. 清酥类糕点制作过程中的面层和油层怎么控制温度和硬度?

清酥类糕点的面皮和油层的硬度和温度要保持一致，有利于在擀制的过程中面皮与油脂形成一个大的整体，同时伸展。

2. 清酥类糕点烘烤温度怎么设置?

烘烤温度要适宜：清酥类点心烘烤时要恰当掌握温度，一般不宜采用低温。高温下可以让油层的油脂迅速融化，产生分层，面皮中的水分迅速蒸发，使制品膨松。

【工作任务实施记录与评价】

一、 生产人员岗位分配表（由班组长分配）

工作岗位	姓名
配料	
面团调制、包酥、开酥	
成型	
刷蛋液、烘烤	
冷却、包装	
质量控制	

二、 水果酥生产工序记录

1. 水果酥面团制作

日期/组别	高筋粉/g	低筋粉/g	冰水/g	蛋/g	糖/g	奶油/g	食盐/g	夹心酥油/g

2. 水果酥产品烘烤记录

日期/组别	工艺要求				
	刷蛋液	上火____℃	下火____℃	烘烤时间/min	记录人

3. 产品质量评价与分析

日期：　　　　　　　　　　　　　　　　　　　　　　　　　组别：

评价项目	形态	色泽	组织	滋味与口感	杂质
评价描述					
常见质量问题及解决方法	常见质量问题： 原因及解决办法：				

三、 工作效果评价

1. 自我评价

（1）通过本次学习，我学到的知识点/技能点有：

____。

（2）我认为在以下方面还需要深化学习并提升岗位能力：

____。

（3）本次工作和学习过程中，我的表现可得到：  □  □  □

2. 小组评价

小组评价表

项目	评价内容：综合能力评测 （1）请在对应的条目的□内打“√”或“×”，不确定的条目不填，可以在小组评价时让本组同学讨论并写出结论。 （2）评价结果全对得  ，错一项得  ，错两项得 	评价等级（学生互评） 		
综合能力测评项目（组内互评）	□按时到场　□工装齐备　□书、本、笔齐全			
	□安全规范操作　□责任心强　□6S 管理规范			
	□学习积极主动　□合理使用教学资源　□主动帮助他人			
	□接受工作分配　□有效沟通　□高效完成工作任务			
专业能力测评（组间互评）	□原辅料准确计量　□制皮、制馅符合规范　□包馅操作准确			
	□设备操作熟练　□产品符合标准要求　□生产记录清晰、完整			
	□人员分配合理　□工作场地整洁有序　□团队配合协调好			

续表

项目	评价内容：综合能力评测 （1）请在对应的条目的□内打“√”或“×”，不确定的条目不填，可以在小组评价时让本组同学讨论并写出结论。 （2）评价结果全对得 ，错一项得 ，错两项得	评价等级（学生互评）		
小组评语	他（她）做到了： 他（她）做到了： 给他（她）的建议：	组长签名： 年　月　日		

任务4.2　混酥类西饼生产

【任务目标与质量要求】

1. 掌握混酥类西饼的加工原理；
2. 掌握计量设备的使用方法；
3. 会选择生产混酥类西饼的原辅料，能够进行混酥类面团配料；
4. 掌握混酥类面团主要原料的种类，会混酥类西饼面团的调制；
5. 掌握混酥类面团调制的糖油搅拌法、粉油搅拌法；能够对混酥类面团进行调制；
6. 掌握混酥类西饼的质量要求，能够处理混酥类西饼加工中出现的问题；
7. 能够主动获取信息，展示学习成果，对工作过程进行总结与反思，与他人进行有效沟通，团结协作。

【学习产出目标】

1. 熟知混酥类西饼的原辅料及作用；
2. 掌握混酥类西饼制作原理及制作方法；
3. 学会制作混酥类西饼产品。

【工作程序与方法要求】

序号	工作程序	操作步骤	注意事项
1	衡器的准备	准备称重的衡器及盛具 1. 检查衡器是否符合称重要求； 2. 检查衡器是否能正常启动，电子秤的显示是否正常； 3. 检查盛料的盛具是否符合卫生要求。	面粉勺、盛具、衡器，必须洗净擦干，否则容易沾上其他原料，影响称重效果。 称分量较轻的配料，如酵母、面包改良剂等辅料，最好使用刻度小的衡器，保证称重准确。
2	原材料的准备	检查原材料 1. 检查软质面包所使用的高筋粉是否符合要求； 2. 检查搅拌软质面包面团用水的温度是否符合要求。	在使用前应对容易受潮结块的乳粉等原料进行检查，防止使用结块的原料而影响产品质量。
3	配料单的复核	复核配料单 根据制作产品的要求，认真复核配料单各原料的配置比例，保证配料正确； 再次计算并确认产品产量要求与配料分量相同，防止多配料或少配料的现象发生。	认真复核计算，确保正确。
4	工器具的准备	1. 将搅拌机的搅拌缸擦洗干净； 2. 采用多功能搅拌机搅拌面团时，使用钩形搅拌头； 3. 准备好量杯等工具； 4. 将案板等擦洗干净，备用。	工器具要提前准备。 工器具要保持洁净。
5	面糊搅拌	1. 糖油拌和法：将糖、盐、油（有奶粉则同时加入）放入搅拌缸内，使用桨状搅拌器，先慢速拌匀，然后以中速搅拌，直到把糖和油打发至绒毛状时，把蛋液分几次加入，每加一次都要充分搅拌均匀后再加下一次的蛋液。全部蛋液加入并且充分拌匀后，把奶水分次加入，以慢速拌匀，最后加入面粉，慢速拌匀即可，切忌把面粉搅拌出筋。 2. 粉油搅拌法：将面粉和油脂一起搅拌，待油脂和面粉充分混合后，再加入糖粉、蛋液等原料搅拌均匀成团。粉油搅拌法调制的混酥面团，用于肉批（馅饼）、小型塔类、排类等。切忌搅拌过久，导致派皮面团出筋，而使成品韧、硬。	1. 需掌握液体配料与粉料的比例，注意正确投料顺序。 2. 分次加蛋，确保搅拌均匀，注意面团温度。 3. 准确把握搅拌程度，动作要迅速，干净利落，使面粉与配料混合均匀，不夹粉粒。

续表

序号	工作程序	操作步骤	注意事项
6	整形与装盘	混酥类饼干生坯成形： 1. 裱挤成形：将调制好的饼干面糊装入装有裱花嘴的裱花袋中，直接裱挤到烤盘上。 2. 手工压制：将搅拌好的面坯分割，称重；搓成圆状的小块，排列在烤盘上；用手指或餐具压制成所需要的形状；装饰。 3. 压模刻制：将冷藏的面坯从冰箱中取出；放入搅拌机内，慢速搅拌至微软；将面坯压制成薄片，并用压模刻制成不同的形状；均匀地排放在烤盘上；刷蛋液；装饰。 4. 卷制切割：将冷藏的面坯从冰箱中取出。放入搅拌机内，慢速搅拌至微软。根据成品要求搓条，卷纸定型。放入冰箱冷冻成形。取出后，切成约 0.5 cm 厚的片状．均匀地排放在烤盘上，刷蛋液，装饰。	1. 裱挤饼干面糊时，用力要均匀，使制品大小相同、厚薄应一致；动作要熟练，一气呵成，保持制品形态端正。 2. 裱挤成形的饼干，可选用合适的裱花嘴，用不同的动作使饼干形状多样。面糊内不能含有大颗粒原料，避免造成裱挤困难。 3. 饼干面坯刻制、切割成形前需冷冻。一是方便下一步加工成形；二是通过冷冻的过程，使面团内的面筋质得以松弛，烘烤成熟后的产品产生酥松的效果。 4. 从冰箱中取出后的饼干面坯要尽快加工制作，防止时间过长面坯变软后不易成形。 5. 压制面坯时尽量少用干粉，否则烘烤时不易上色，颜色不均匀。 6. 卷制成形混酥面坯时，面坯粗细、切割刀距要均匀，使制品大小、厚薄均匀。 7. 尽量减少混酥面团重复使用，避免因面团油脂的游离性而产生的跑油现象。每重复使用一次，制品质量会下降一次。同样，面团不要反复擀制搓揉，防止面团出油、起筋，以免产生成品收缩、口感发硬、酥松性差等不良后果。
		派类生坯成形： 手工整形 1：将冷藏在冰箱里的混酥面团取出；擀成所需要的厚薄均匀的面坯；将擀制好的面坯用擀面杖卷起；将面坯覆盖在派模上；用擀面杖擀除多余的面坯；按模具形状捏压整形；用叉子或小刀在派皮上戳洞，放入冰箱冷藏。 手工整形 2：将面团搓成长条；分割面团；将面块放入塔模内；用拇指和食指将面块根据模具形状捏压成形；修整；戳洞。 机器成形：解冻至柔软的混酥面团放在压面机上压扁后擀制，用压面机压出所需的厚度，然后用刻模在面坯上压制出所需的形状。	1. 派皮整形前需要冷冻，便于操作。 2. 多撒些面粉（高筋面粉），以防粘住。 3. 整形过程中不可过分揉捏，以防派皮出筋，影响酥性。 4. 派皮的厚薄要一致。 5. 派皮需要在表面扎孔。

续表

序号	工作程序	操作步骤	注意事项
6	整形与装盘	单层派成形： 将冷藏在电冰箱里的混酥面团取出；擀成需要的厚薄均匀的面坯，并切割成所需要的形状；将面坯铺在烤盘上，用针车轮戳洞；将馅料平铺均匀。 双层派成形：将冷藏在电冰箱里的混酥面团取出；擀成所需要的厚薄均匀的面坯，并用针车轮戳洞；将面坯按所需要的形状切割成两片，将第一层面坯平铺在烤盘上；将馅料平铺均匀；覆盖第二层面坯；表面刷蛋液；装饰。	1. 擀制混酥面团时，桌面要平整，用力要均匀，保证面坯厚薄均匀，应做到一次擀平并立即成形。 2. 混酥面团成形时，使用的撒手粉以高筋面粉为宜，因为高筋面粉不易黏手。尽量少加干粉，否则面团不光滑，易出现龟裂状，在烘烤时制品也不易上色。 3. 混酥面团在切割时，动作要轻柔准确，一次到位，保证产品形态的美观、完整。在成形时，动作要快，应干净利落，整形的时间不宜过长，否则混酥面坯在操作温度高时极易变软，影响操作。 4. 需要压平、压薄后再成形的面坯，为方便操作可将面坯放入平盘中，入冰箱冷却一段时间后再成形，这样不仅容易成形和刻制，而且因冷却后面坯的面筋质得到重新伸展，成品烘烤后不易变形。 5. 刻模压制成形时，不能随意移动模具，以免产品变形，应保证产品形态端正、大小一致。 6. 切割后的面坯要用牙签或竹签戳小孔，防止面坯烘烤膨发时产生气泡。成形结束，需松弛或在冰箱冷藏后再烘烤。 7. 双层派成形时，两片面坯要覆盖整齐。在面坯两层之间的一侧刷蛋液。覆盖第二层面坯时需压紧，避免烘烤后两层分开。 8. 派模在两次烘烤成形时，如派模较深，可将豆类或米粒放在垫纸的派皮上。烘烤后的派皮，可以避免底部膨胀、周边收缩的缺陷。 9. 模具、工具使用后，用干毛巾擦除残留在工具、模具上的面污。金属工具、模具可清洗后进炉烘干水分，喷涂脱模油后待用。工作结束后，模具、工具应定点存放，不能乱堆、乱放。

续表

序号	工作程序	操作步骤	注意事项
7	烘烤	曲奇： 一般用 175 ℃中火烤 8～10 min，烤至表皮浅褐色、手感稍软、八分熟即可出炉，否则容易烤焦。烘烤过程中，如底色过深，可在底下再垫一个烤盘。烘烤时，若下火大，曲奇边缘容易烤焦；若上火大，曲奇的花纹色较深而凹入部分颜色太浅。	1. 成形后的饼干面坯要尽快进行烘烤，防止饼干软化出油。 2. 放在烤盘上的面坯，互相之间要留出合适的距离，防止烘烤时粘连。摆盘距离要均等，烘烤后才能上色均匀。 3. 在烘烤饼干时，不要同炉烘烤其他产品，防止互相影响。 4. 根据饼干的性质、特点以及烘烤的数量，合理选择烘烤的温度和时间，以达到最适合的烘烤条件。 5. 在烘烤后期，可以将风门打开，使饼干排除多余的水分，更加酥脆。 6. 烘烤成熟的饼干在通风环境下自然冷却。
		派类： 1. 塔、排、派类的二次烘烤成熟：将面坯铺入模具后先进行烘烤，取出冷却后填馅料，覆盖第二层面坯，再进行第二次烘烤。要求上下皮皆熟。 2. 塔、排、派类的一次烘烤成熟：将第一层面坯铺入后，添加馅料，直接烘烤；或覆盖第二层面坯后进行烘烤。要求皮馅一起熟。	1. 根据塔、派制品的要求和特点,要灵活掌握烘烤的温度和时间。根据制品的外表变化,及时调整温度。 2. 对于夹馅料的混酥类制品,进入烤炉之前要在制品的表面打小孔,以利于烘烤时水汽的蒸发,保持制品表面的平整、美观。 3. 检查有馅料的混酥类制品是否成熟时,首先要看制品底部的成熟程度,然后决定是否可以出炉。 4. 烘烤有馅心的双层派时,出烤炉前要检查制品底部是否成熟,必要时可在制品表面盖一层不粘布或关掉上火。 5. 如果制品需要进行两次烘烤成熟,第一次底坯烘烤至七八成熟即可,第二次烘烤的下火可降低 10 ℃左右。 6. 烤前装饰可用干果、坚果、耐烘烤果酱、耐烘烤巧克力豆、芝士等装饰表面。用干果装饰,要在装饰之前用白兰地浸泡,沥干后再使用。 7. 烘烤结束后,烤炉要及时关闭电源。
8	装饰与包装	曲奇:出炉后冷却至 35 ℃即可密封包装。因为曲奇出炉时只含 2%水分,需防吸水,失去松酥性。	烘烤后装饰可用巧克力、封登糖、糖粉等,用写、画、筛、沾等方法做表面装饰。
		派类:出炉后冷却至 35 ℃即可密封包装。	需要烤后装饰的塔、派制品,要待冷却后再进行装饰,尤其要注意食品卫生。

【业务知识】

混酥类西饼是相对于清酥类西饼而言的。与清酥类西饼一样，混酥类西饼也是用油脂、面粉、鸡蛋、糖、盐等主要原料，加入或不加入化学膨松剂，调制而成的酥性面团。配以各种辅料、馅料，通过成形变化、烘烤温度的控制、不同装饰材料选择等，制成甜、咸口味的点心。混酥类西饼没有层次，也不松软，但是质地酥脆、口味香甜。产品表面还可以加上其他辅料以增添各种风味。

混酥类面团可制成塔类、排类、派类干点，也可加工成小型茶点、曲奇等饼干类糕点。挞（tart）、排（pie）又称派，是以混酥类面团为坯料，借助模具，通过制坯、烘烤、装饰等工艺而制成的内盛水果或馅料的一类点心，其形状因模具或制作方法而异，口味有甜、咸两种，外形有单层面坯和双层面坯之分。

混酥类饼干是西式面点中最常见的品种之一，一般适用于酒会、茶点或餐后。混酥类饼干（biscuit）质量一般在 15 g 左右，有甜、咸、复合味等多种口味。可在面坯中加入抹茶粉、可可粉、咖啡、巧克力豆、坚果、杂粮等，也可在表面嵌入坚果、装饰芝士等，制成各种风味的饼干。

常见的混酥类西式点心有：曲奇类、派类、欧式蛋挞等。

（1）曲奇　是英文“cookies”的音译，也译作曲奇士，我国台湾地区也译为小西饼。曲奇的英文意思是小饼干、小甜饼，是欧美等国最常见的西式小吃食品。如奶油曲奇（最为著名的是丹麦蓝罐曲奇）、黑白双色曲奇、葡萄干曲奇、软性小西饼等。

（2）派　是英文 pie 的音译，也译作排，广东话则按粤语发音译为批，但都是指同一种西点。派就是英文馅饼的意思，是欧美等国的西式食品。

派由派皮和派馅组成。派皮以面粉、奶油、糖为主要原料，口感酥软、松脆；派馅则依所加入的馅料不同而有不同的口味，或甜或咸，或水果或肉类，可适合不同人群的需求。派的品种风味很大程度是通过馅心来变化的，常用的馅料有各种水果馅、果仁馅、芝士馅、蛋糕馅、奶油霜、慕斯等。

派分为双皮派、单皮派、油炸派三大类。

①双皮派有派底和派面，使用熟馅，如水果、肉类等，最常见的如苹果派、鸡肉派、海鲜派等。

②单皮派则有生皮生馅派和熟皮熟馅派之分：生皮生馅派如牛乳鸡蛋布丁（或其他甜胶黏性馅）；熟皮熟馅派如奶油布丁或软性水果、凝胶及打发蛋白（需冷藏）、冷冻戚风派。

③油炸派是使用油炸的熟制方法来制作的派，如苹果派、樱桃派等。

一、原料选用

（一）曲奇类的原料选用

1. 面粉

根据所制作的品种不同，选取各种筋度的面粉。使用高筋粉，可使产品形态美观，口味脆、硬；使用低筋粉，则产品不注重形态，口味松、酥。

另外由于混酥类西式点心中，糖、油用量较多，故面粉筋度不可太低，否则会导致成品松散，一般较蛋糕粉稍高即可。

2. 油脂

混酥类西式点心中，油脂用量较多，因此对油的使用要求较严。

（1）油性要好　油性是指能增加产品酥、松的性质，可以用少量的用量使产品达到最大的松酥程度。

（2）安全性高　耐储藏，不易酸败。

（3）融合性好　指油脂被搅拌时保持空气的能力，这是使制品产生松酥质感的最主要因素。

3. 糖

糖在混酥类西式点心中用量较多，其主要功能是给产品调味、着色、调节产品的扩展程度。

（1）粗砂糖　撒于表面，烤后保持原形，不用于面团。

（2）细砂糖　低成分用于曲奇，有利于产品形态的扩展和产生表面裂痕；高成分、水少的产品不宜使用。

（3）糖粉　用于高成分、水少的产品。

（4）糖浆　用来增加风味及胶韧特性。最大用量5%～10%，过多则体积小、质地坚硬。

糖的颗粒大小对曲奇外表影响很大。糖在搅打时如不完全溶解，烤时则受热熔化产生推压力，可使曲奇表面体积增大，表面裂痕多。

4. 化学膨大剂

在混酥类西式点心中，若油的用量较少，就要适当使用化学膨大剂来帮助制品膨松。化学膨大剂能增加产品体积和松酥性，但用量过多，会使制品松散、表面裂缝、风味不佳；用量过少，会使制品体积小、松酥性差。

混酥类西式点心常用的化学膨大剂介绍如下。

（1）小苏打　化学式为$NaHCO_3$，中文名为碳酸氢钠，碱性。用量过多则成品呈碱味，颜色较深，形状扁平，残留物为Na_2CO_3，降低筋度，使产品扩展，表面产生裂痕。

(2) 发粉　也叫发酵粉，分快速发粉、慢速发粉、双重发粉三大类。

(3) 臭粉　化学式为 $(NH_4)_2CO_3$，分解完全，膨胀力大，但溶解性好。若水多，残留多，味臭。

5. 盐

在混配类西式点心中盐的作用一是调味，二是衬托其他原料物质的味道。

6. 香料

使用香料的目的如下：

①加强产品原有风味，衬托出产品特色。

②增加产品风味。使用时，要选用好的香料，但用量不可过多。

7. 可可粉

主要目的是改善风味，用量 10%～12%。当配方中加入可可粉后，配方内的糖量要增加，水量也要增加。使用时，最好用高脂可可粉，以增加香味。

（二）派类的原料选用

(1) 面粉　要求使用中筋粉，面粉的蛋白质含量在 9%～11%（湿面粉在 27%～30%）。如面粉筋度过高，在搅拌派皮面团时容易出筋，导致烤后成品收缩，派皮过于脆硬，酥性不够；如面粉筋度过低，则面团内的面筋形成少，派皮过于松酥，容易碎裂。要求派皮同时具有脆和酥的特性，可使用中筋面粉。

(2) 油脂　要求使用硬度较高的油脂，熔点 40～42 ℃。因为硬脂在操作中可保持固体状态，使产品特性脆和酥兼有。冷冻亦可使油脂保持固态，若软或不冻，则操作困难。最好使用不含水的油脂。因为含水油脂与空气的融合性差，会导致产品硬而不酥。

(3) 水　主要作用是溶解糖、盐，使面团混合。水多会导致成品韧性不好。产品中的水要充分烤透后才能出炉，这样派皮才会有脆、酥的特性。使用冰水最佳，可保持油脂固态，便于整形。

(4) 盐　主要作用是调节风味。用量为 2.5%～3%，如果所用的油脂是已含有盐的奶油或人造奶油，则可不加入盐。

(5) 糖、乳粉　这两种原料都不是必要的原料，加入面团中主要是为了上色，利用糖类物质的焦化使产品产生焦黄外观，用量为 0～3%。

(6) 蛋、奶水　主要作用一是黏合派皮；二是增加颜色（烘烤前刷上蛋液）。

二、混酥类西饼面团制作

（一）混酥类西饼面团主要原料

1. 低筋粉

调制混酥类面团应选用筋力较小的低筋粉，面筋质含量在 10%左右。低筋粉不易产生筋力，不会使产品酥松。如果面粉筋力太高，会使面团产生筋力，烘烤时会出现收缩现象，制品质感硬、口感差。

2. 油脂

调制混酥类西饼面团应选用熔点较高的油脂，不易软化，操作成形方便。如果选用熔点低的油脂，会使油脂软化，擀制时出油、发黏，整形困难。

调制混酥类西饼面团应选用可塑性强的油脂，否则产品制作时易散落，成品形状不完整。混酥类面团的油脂比例一般占面粉的 50％～60％。

3. 糖粉

调制混酥类西饼面团应选用糖粉或细砂糖，容易融化。如果糖的晶体粒太粗，在搅拌中不易融化，会造成面团擀制困难，产品成熟后表面会呈现一些斑点，影响面团的美观和酥松性。

（二）混酥类西饼面团调制的工艺方法

根据成品要求不同，混酥类西饼面团的调制有两种方法。

1. 糖油搅拌法

将糖粉和油脂一起搅拌，再加入蛋液、面粉等原料搅拌均匀成团。此方法是混酥类面团最为常见的调制方法之一。用其制作的混酥类西饼面团用途极广，可以制作混酥类西饼，如挞类、派类、排类及饼干类等。

（1）工艺流程　糖粉加油脂搅拌，分次加入蛋液搅匀，加入面粉慢速搅拌成面团，冷藏松弛待用，成形、烘烤。

（2）操作方法　混酥类西饼面团调制一般用糖油搅拌法。先将面粉过筛待用，然后将糖粉和油脂放入搅拌机内，用中速搅拌或混合均匀至松发，再将蛋液逐次加入，搅拌均匀，最后加入面粉，用慢速搅拌或折翻加推揉的方法使其成为面团。

2. 粉油搅拌法

（1）工艺流程　将面粉和油脂一起搅拌，待油脂和面粉充分混合后，再加入糖粉、蛋液等原料搅拌均匀成团。粉油搅拌法调制的混酥面团，用于肉批（馅饼）、小型塔类、排类等。

（2）操作方法　先将与油脂等量的面粉搅打松散，加入糖粉搅拌均匀后，逐次加入蛋液再次搅拌均匀，最后加入剩余的面粉，慢速搅拌或用折叠加推揉的操作手法成团，以折翻为主。粉油搅拌法可制作要求特别酥松的制品，如曲奇等。

（三）混酥类西饼面团的调制原理

1. 混酥类西饼面团的疏松性

混酥类西饼面团的疏松性主要是由面团中的面粉和油脂等原料的性质所决定的。油脂是一种具有一定黏性和表面张力的胶性物质，当油脂与面粉有机结合时，面粉的颗粒被油脂包围，并牢牢黏结在一起，使面粉颗粒之间形成了一层油脂膜。这层油脂膜紧紧黏附在面粉颗粒的表面，使面坯中的面粉蛋白质不能吸水形成面筋网络，所以这种面坯较其他面坯松散，没有黏度和筋力。

2. 混酥类西饼面团的酥松性

由于混酥类西饼面团的面粉颗粒被油脂所包围，颗粒与颗粒之间随着搅拌距离逐渐加大，颗粒之间充满了空气。面团在烘烤时空气受热膨胀，产品由此而产生酥松性。

（四）混酥类西饼面团的调制方法

1. 手工调制

先将面粉和油脂用双手搓成粉粒状，然后加入糖粉搓匀，最后加入蛋液，用折翻加推揉的手法成团。

2. 机器调制

先将糖粉和油脂放入搅拌缸内用中速搅拌均匀，再将蛋液逐次加入，最后加入面粉，搅拌均匀成团。

（五）混酥类西饼面团调制的设备及工具

1. 调制混酥类西饼面团的设备

调制混酥类西饼面团可用搅拌机。搅拌机有多功能落地式、多功能台式和打鸡蛋、鲜奶油用的台式打蛋机，可以按工艺要求调节不同的搅拌速度，搅拌不同的面团。多功能搅拌机配有圆球形、钩状、扁平状打蛋器，调制混酥类西饼面团时应配置扁平状打蛋器。

扁平状打蛋器在搅拌混酥类西饼面团油脂等较硬原料时，搅拌比较均匀、松发，而且不易损坏机器。

2. 调制混酥类西饼面团的工具

(1) 刮板　刮板又称切面刀，是无刃刀具，用不锈钢或塑料制成。不锈钢制作的有平切面刀、斜切面刀等。塑料制作的常称作塑料刮板，有软质和硬质之分，刀口有平口和半圆形的两种。刮板主要用于手工调制面团、切割面坯、清理操作台和刮去不粘烤盘、不粘布、铝合金烤盘上的残渣、碎屑，不会刮坏器具表面。

(2) 刮刀　刮刀又称搅板，由木质、橡胶、塑料和耐高热硅胶等制成，有大、中、小各种型号，可搅拌各种原料使其混合。刀口与搅拌缸底吻合，所以便于取出物料。

(3) 喷火枪　喷火枪是在便携式瓦斯气罐上装配一个喷火头，有自动点火和手动点火两种。喷火枪适用于西点制作时加热、加温。

三、混酥类西饼生坯成形

（一）塔、排、派生坯成形工具与设备

1. 塔、排、派生坯成形设备

压面机又称开面机、酥皮机等。压面机一般有台式和立式两种。压面机的功能是

将揉制好的面团通过压辊之间的间隙，压成所需厚度的坯料，以便进一步加工，混酥类西饼面坯也可用压面机擀制。

2. 塔、排、派生坯成形工具和模具

成形工具种类及用途

(1) 擀面用具　擀面杖又称擀面棍、面杆，是用木质材料制成的圆而光滑的棍状工具，常用的有通心槌、长短擀面杖，主要用于混酥面坯、饼干和清酥面坯的擀制及各种花色点心、面包的制作。

(2) 轮刀　轮刀又称滚刀，有波浪形轮刀、两用夹轮刀、两用起酥轮刀、派轮刀、比萨轮刀、三角形面团轮刀等。制作混酥类点心、清酥类点心和比萨等时，可用于切片、切条。用波浪形轮刀切割面坯，还可起到美化成品外形的作用。

(3) 针车轮　针车轮用不锈钢或塑料制作，由木柄、钢钉和塑料组合而成，有可活动的手柄，主要用于混酥类、清酥类等点心制作时的戳孔、戳洞，目的是使制品在烘烤时能均匀地起发。

(4) 压制模具　压制模具由不锈钢片制成，有圆边和花边之分，形状有圆形、椭圆形等，一般为成套盒装，直径为 2～10 cm。其用途是对擀制好的各种坯料进行压制，使其成为特定的形状，如圆形、椭圆形、字母形和动物形等，可用于混酥类点心的成形。

模具的种类及用途

(1) 塔模　有圆形模、船形模、船形花边模、椭圆形花边模等，可用于制作如核桃塔、柠檬塔、栗子塔等。

(2) 派盘　用铝合金材料制作，有的还镀有不粘镀层，形状有圆形模、圆形花边模，派底有固定和脱卸的两种。派盘有各种不同的规格，可用于制作如苹果派、南瓜派等混酥类西饼。

(二) 塔、排、派生坯成形方法

1. 手工成形

混酥类西饼的手工成形一般是借助模具完成的。其方法是：

(1) 分割　所需要的面团放入模具的正中并压平，用大拇指和食指扣住模具的边角，按顺时针方向左手捏、右手推，直至面坯贴合在模具上，把超出模具多余的面坯以 45°角用塑料刮板切去。

(2) 成形　是根据制品的需要取出适量面团放在撒有干粉的工作台上，擀制成厚薄一致的面坯，然后放在模具里或借助压制模具成形。

模具成形有单层皮和双层皮之分。单层皮是将面坯一次擀平切割，放入模具整形烘烤后再装饰；双层皮是将擀好的第一层面坯铺入模具后填入馅料，在馅料上面再覆盖一层。

双层皮成形操作方法有两种。一种方法是将第一层面坯铺入模具后先进行烘烤，取出冷却后再填馅料，覆盖第二层面坯，再进行第二次烘烤；另一种方法是在第一层面坯铺入后直接添加馅料，覆盖第二层面坯后再进行烘烤。

混酥类点心的成形手法有很多种，如擀、切、捏、刻等，每个动作都有特定的功能，可视成形的需要相互配合应用。

2. 机器成形

解冻至柔软的混酥面团放在压面机上压扁后擀制，用压面机压出所需的厚度，然后用刻模在面坯上压制出所需的形状。

（三）混酥类饼干生坯成形的方法

1. 直接成形

将面坯或面糊调制后直接成形，加工成产品。调制好的面糊可用裱挤的方法制作成曲奇类饼干，如巧克力曲奇、奶油曲奇、咸味曲奇等；面坯则可用手压制成形，如麦片饼干等。

2. 冷冻成形

将调制好的面坯放在冰箱冷冻后，再加工成所需的形状。面坯成形可用压制、刻制、切割等方法制作成饼干，如乳酪饼干、杏仁饼干等。

（四）混酥类饼干生坯成形的手法

1. 裱挤法

将调制好的饼干面糊装入装有裱花嘴的裱花袋中，直接裱挤到烤盘上，然后进行烘烤成熟。可利用不同的裱花嘴，裱挤成不同花纹、形状和大小的饼干，具有简洁实用、成形速度快的特点。裱挤法是饼干成形常用的方法。

2. 压制法

将搅拌好的饼干面坯分割、搓圆，用手或工具、餐具压制而成。

3. 压模刻制法

将调制好的饼干面坯压平，放入冰箱冷冻数小时后搅拌至微软，再继续擀平，压模刻制。

4. 卷制切割法

也称二次成形法。将调制好的饼干面坯压平，用保鲜膜封实，放入不锈钢盘，进冰箱冷藏。取出后调制成微软的面坯，搓条并用纸进行卷制定型，再冷冻后切割成形。

5. 复合法

利用两种以上不同口味或颜色的面坯，采用多种方法，制作成形状各异的饼干，其制作工艺较为复杂。

（五）混酥类饼干生坯成形的设备

1. 饼干切割成形机

可对成形的面坯进行切割，成形速度快，制品厚薄均匀。

2. 饼干裱挤成形机

使用饼干裱挤成形机，可以用人工控制和自动控制的方式对面糊进行机器裱挤成形。

四、 混酥类西饼生坯成熟

（一）烤炉的性能、使用与保养

1. 烤炉的性能

烤炉可对上火、下火分别进行调节，具有喷蒸汽、定时等功能。其主要工作原理是通过电能转换的红外线辐射热、炉膛内热空气的对流热以及炉膛内金属板的热传导等方式，使制品上色成熟。

2. 烤炉的使用

开启烤炉电源，设定烘烤温度和时间，开始烘烤程序。

①新烤炉在使用前应详细阅读使用说明书，以免因使用不当出现事故。

②在烘烤前，烤炉必须预热，待温度达到工艺要求后方可进行烘烤。

③温度确定后，要根据制品的工艺要求合理选择烘烤时间。

④在烘烤过程中，要随时检查温度情况和产品的外表变化，及时调整温度。

⑤烤炉使用后，应立即关掉电源，待温度下降后将残留在烤炉内的污物清理干净。

3. 烤炉的保养

①保持烤炉的清洁，清洗时应关闭电源，不宜用水清洗，以防触电，最好用厨具清洁剂擦洗。

②保持烤盘的清洁卫生，清洗过的烤盘要擦干，不可将潮湿的烤盘直接放入烤炉内。

4. 烤盘

烤盘是烘烤制品的主要模具，用铁皮、铝合金镀不粘涂层等材料制成，常用的为 40 cm ×60 cm，有高边和低边之分。

（二）塔、排、派类成熟的工艺方法

1. 塔、排、派类的一次烘烤成熟

将第一层面坯铺入后，添加馅料，直接烘烤；或覆盖第二层面坯后进行烘烤。

2. 塔、排、派类的二次烘烤成熟

将面坯铺入模具后先进行烘烤，取出冷却后填馅料，覆盖第二层面坯，再进行第二次烘烤。

（三）影响塔、排、派制品成熟的主要因素

影响制品成熟的因素主要有两方面：烘烤温度和烘烤时间。

1. 烘烤温度

混酥类制品在烘烤过程中，烤炉的温度对制品的质量影响很大。在通常情况下，混酥类制品烘烤一般用180 ℃左右的炉温。但由于混酥类点心品种繁多，大小、厚薄各不相同，因此所用的烤炉温度也就有所差异。

由于各类塔、排、派制品内部组织材料的不同，组织密度和比重也不相同，因而对热能的吸收和水分散发的快慢也不相同，这就使得烘烤时的温度和时间要灵活掌握。

2. 烘烤时间

烘烤时间的长短，也是决定混酥类制品成熟的重要因素。一般情况下，烤炉的温度高些，烘烤制品所需的时间就相对短些；温度低些，所需的时间就相对长些。在实际情况下，要根据品种灵活掌握，如烘烤有馅料的双皮排时，烘烤时间要相对长一些；而烘烤饼干时，烘烤时间要相应地短一些。在实际生产中，要根据混酥制品的体积大小、厚薄、内部原料组织构成等因素，合理调节烤炉上、下火的温度以及烘烤时间，以确保产品的质量。

（四）混酥类饼干生坯成熟

1. 混酥类饼干烘烤的目的

（1）产生二氧化碳气体和水蒸气，利用气体压力使饼干具有蓬松的结构。

（2）烘烤成熟使淀粉糊化，即使淀粉膨胀、糊化变为易于消化的形态。

（3）使制品色、香、味俱全。

（4）使饼干面糊或面坯失去各种活性，保持饼干的品质不易变化。

（5）蒸发水分，使饼坯变成具有稳定形态和松脆的产品，便于保存和携带。

2. 混酥类饼干成熟的方法

（1）平炉烘烤　平炉烘烤，是在饼干的上方和下方排列两层加热源，分别称为上火和下火。通常要控制上火和下火的大小，使炉内温度分布适合饼坯烘烤需要。而烤炉内温度分布的选择，受饼坯中配料、形状大小、厚薄等因素支配。

（2）转炉烘烤　转炉烘烤时，烤炉内的温度及烘烤的不同阶段温度的调整，对饼干的质量影响很大。不同形状和配料的饼干，都需要不同温度的调整。

（3）隧道炉烘烤　隧道炉烘烤，在各个阶段烤炉温度的控制，就是对从入口到出口这一段炉膛内温度分布的控制。

3. 影响混酥类饼干成熟的主要因素

（1）烘烤温度　饼干烘烤时的温度，受饼干质量、大小、配方中原料的性质以及放入烤箱内饼干的多少等多方面的影响。一般饼干类制品糖分的比例较高，糖在受热过程中产生焦化作用，使产品颜色变成金黄色。因此，在烘烤时要严格控制烘烤温度，过高的温度会使糖产生焦化，饼干着色加快，而出现内部夹生、外部颜色过深的现象。

（2）烘烤时间　烘烤时间的长短，也是影响饼干成熟的重要因素。饼干面坯加热时间长，造成颜色过深，甚至出现焦煳现象；相反，烘烤时间短，内部未完成成熟，外表颜色过浅，也将影响饼干的质量。

【常见质量问题及解决方法】

1. 产品不够松酥，较硬和韧

原因如下：

（1）使用的面粉筋度太高；

（2）油用量不够或所用的油起酥性不好；

（3）面团搅拌时间太长，搅出了面筋。

2. 派皮烘烤后产品收缩

原因如下：

（1）派皮成型后松弛时间不够；

（2）烘烤时间不够。

3. 曲奇成品形态不佳、表面花纹模糊

可能的原因如下：

（1）油用量太多；

（2）液体原料用量过多、面糊搅拌过度而致面糊太稀；

（3）所用的裱花嘴齿数太密。

【业务经验】

1. 混酥类西饼制作过程中的要求是什么?

混酥类西饼的面皮和油层的硬度和温度要保持一致，有利于在擀制的过程中面皮与油脂形成一个大的整体，同时伸展。

2. 清酥类西饼烘烤温度怎么设置?

烘烤温度要适宜：清酥类西饼烘烤时要恰当掌握温度，一般不宜采用低温。高温下可以让油层的油脂迅速融化，产生分层，面皮中的水分迅速蒸发，使制品蓬松。

【工作任务实施记录与评价】

1. 工作任务

制作混酥类西饼（曲奇饼干或派）

2. 产品制作过程

工作任务1　曲奇类（以奶油曲奇为例）

（1）面糊搅拌　一般使用糖油拌和法。将糖、盐、油（有奶粉则同时加入）放入搅拌缸内，使用桨状搅打器，先慢速拌匀，然后以中速搅拌，直到把糖和油打发至绒毛状时，把蛋液分几次加入，每加一次都要充分搅拌均匀后再加下一次的蛋液。全部蛋液加入并且充分拌匀后，把奶水分次加入，以慢速拌匀，最后加入面粉，慢速拌匀即可，切忌把面粉搅拌出筋。

（2）整形与装盘　把搅拌好的面糊装进裱花袋，用挤压法在平烤盘上挤出成型（平烤盘上预先刷上一层薄薄的油）。挤制时，扩展性好的曲奇装盘时应留出较多的间隙，反之则少留。因奶油曲奇的体积小，烤盘应刷油或垫纸（防粘、干净）。

（3）烘烤温度与火候　烘烤一般用 175 ℃中火烤，8～10 min，烤至表皮浅褐色、手感稍软、八分熟即可出炉，否则容易烤焦。烘烤过程中，如底色过深，可在底下再垫一个烤盘。烘烤时，若下火大，曲奇边缘容易烤焦；若上火太大，曲奇的花纹色较深而凹入部分颜色太浅。

（4）装饰与包装　出炉后冷却至 35 ℃即可密封包装。因为曲奇出炉时只含 2%水分，需防吸水，失去松酥性。

工作任务2　派类制作过程

（1）搅拌　把派皮面团内的所有原料（除冰水外）加入搅拌缸内，使用桨状搅拌器，慢速搅拌至均匀后，再拌和成黄豆米粒大小的小面粒，然后加入冰水，再搅拌均匀即可。切忌搅拌过久，导致派皮面团出筋，而使成品韧、硬。

（2）冷冻　把搅拌好的派皮面团分成 1 kg 左右的小面团，擀薄一些，用塑料纸包好，入冰箱冷冻至较硬。

（3）整形　取出经过冷冻的小面团，擀开至 35 mm 厚度，铺入派盘（又名派碟）内，压实底部，切去派盘边缘多余的面皮，并用西餐的叉子或牙签在派底上均匀地扎上小洞。

整形时要注意的是：一是多撒些面粉（高筋面粉），以防粘住；二是整形过程中不可过分揉捏，以防派皮出筋，影响酥性；三是派皮的厚薄要一致。整形后的派皮要松弛 10 min 以上才烘烤，否则会收缩。

（4）烘烤

①双皮有馅派　以上火 210 ℃、下火 200 ℃，烘烤 30～40 min，要求上下皮皆熟。

②单皮有馅派　以上火 210 ℃、下火 200 ℃，烘烤 30 min，要求皮馅一起熟。

【质量要求】

奶油曲奇成品颜色金黄而且均匀，口感酥松，甜度适中，外形美观、整齐，花纹清晰，大小均匀。边缘无焦煳，中心无不熟，底面平整光滑。

一、任务实施准备

1. 工具设备准备

搅拌机、案板、烘炉、面刀、平烤盘、面团温度计、塑料量水杯、裱花袋与裱花嘴。

2. 小组人员岗位分配表（由班组长分配）

任务实施人员分配表

工作岗位	姓名
配料	
调制面团	
成型	
烘烤	
冷却、包装	
质量控制	

二、任务实施工序记录

1. 奶油曲奇面团制作

日期/组别	低筋粉/g	细砂糖/g	盐/g	蛋/g	黄奶油/g	白奶油/g	奶水/g	发粉/g	香兰素/g

2. 奶油曲奇烘烤记录

日期/组别	工艺要求			
	上火____℃	下火____℃	烘烤时间/min	记录人

3. 产品质量评价与分析

日期：　　　　　　　　　　　　　　　　　　组别：

评价项目	形态	色泽	组织	滋味与口感	杂质
评价描述					
常见质量问题及解决方法	常见质量问题： 原因及解决办法：				

三、 任务实施效果评价

1. 自我评价

（1）通过本次学习，我学到的知识点/技能点有：

____。

（2）我认为在以下方面还需要深化学习并提升岗位能力：

____。

（3）本次工作和学习过程中，我的表现可得到： □ □ □

2. 小组评价

小组评价表

项目	评价内容：综合能力评测 （1）请在对应的条目的□内打“√”或“×”，不确定的条目不填，可以在小组评价时让本组同学讨论并写出结论。 （2）评价结果全对得 ，错一项得 ，错两项得	评价等级（学生互评）		
综合能力测评项目（组内互评）	□按时到场 □工装齐备 □书、本、笔齐全			
	□安全规范操作 □责任心强 □6S管理规范			
	□学习积极主动 □合理使用教学资源 □主动帮助他人			
	□接受工作分配 □有效沟通 □高效完成工作任务			
专业能力测评（组间互评）	□原辅料准确计量 □制皮、制馅符合规范 □包馅操作准确			
	□设备操作熟练 □产品符合标准要求 □生产记录清晰、完整			
	□人员分配合理 □工作场地整洁有序 □团队配合协调好			
小组评语	他（她）做到了： 他（她）做到了： 给他（她）的建议：	组长签名： 年 月 日		

任务 4.2 泡芙的制作

泡芙是英文 cream puff 的译音，又名气鼓，也称哈斗，是以水或牛奶加黄油煮沸后烫制面粉，搅入鸡蛋，通过挤糊、烘烤或炸制、填馅料等工艺而制成的一类点心制品。

【任务目标与质量要求】

1. 掌握泡芙的加工原理及加工流程；

2. 会选择生产泡芙的原辅料；

3. 会泡芙面团及馅料的调制；

4. 掌握泡芙的质量要求；

5. 能够处理泡芙加工中出现的问题；

6. 能够主动获取信息，展示学习成果，对工作过程进行总结与反思，与他人进行有效沟通，团结协作。

【学习产出目标】

树立良好的安全文明操作意识；能够执行奶油泡芙的操作规程，调制奶油泡芙面糊。能选择合适的裱花嘴挤制泡芙。能够主动获取信息，展示学习成果，对工作过程进行总结与反思，与他人进行有效沟通和团结协作。能够运用所学知识，指出泡芙出现的质量问题并分析原因。

【工作程序与方法要求】

序号	工作程序	操作步骤	注意事项
1	准备工作	1. 做好卫生清洁、工具准备； 2. 检查设备。	1. 能发现并解决卫生问题； 2. 检查设备确保设备的正常运行。
2	泡芙面糊调制	1. 能按泡芙配方配料； 2. 能用烫面方法调制泡芙面糊。	1. 明确泡芙的种类和特点； 2. 泡芙的配料知识，按照产品配方计算出原辅料实际用量； 3. 熟悉泡芙面糊调制的方法和注意事项； 4. 面糊温度降至 60 ℃，慢慢加入鸡蛋； 5. 根据产品配方和工艺要求解决搅拌过程中出现的问题。
3	泡芙生坯成型	1. 能挤制泡芙面糊； 2. 能裱制泡芙面糊。	1. 泡芙成型的方法和注意事项， 2. 裱制泡芙面糊的操作要点。
4	泡芙生坯成熟	1. 能用烤炉将泡芙面糊烤制成熟； 2. 能用油炸方法将泡芙面糊加工成熟。	1. 烤盘处理； 2. 喷水后马上进行烘焙； 3. 泡芙成熟要确保完全成熟，防止塌陷。
5	泡芙装饰	1. 能用动物奶油、植脂奶油、果酱等对泡芙夹馅； 2. 能用巧克力、糖粉装饰泡芙面糊表面。	泡芙装饰的方法和注意事项

【业务知识】

一、 泡芙特性

泡芙是常见的西式甜点之一，是用烫面团制成的一类点心。它具有外表松脆、色泽金黄、形状美观、食用方便、美味可口的特点。根据所用馅心的不同，它的口味和特点各不相同，常见的口味有鲜奶油泡芙、香草水果泡芙、巧克力泡芙以及日式泡芙等。

二、 泡芙的膨胀原理及原料选用原则

泡芙能形成中间空心类似球体状的形态与其面糊的调制工艺有关。泡芙面糊由煮沸的液体原料和油脂加面粉烫制的熟面团加入鸡蛋液调制而成。它的起发主要是由面糊中各种原料的特性及面坯特殊的工艺方法——烫制面团决定的。

（一）原料选用

1. 面粉

面粉是泡芙膨胀定型不可缺少的原料。面粉中的淀粉在水以及温度的作用下发生膨胀和糊化，蛋白质变性凝固，形成胶黏性很强的面团，当面糊烘焙膨胀时，能够包裹住气体并随之膨胀，仿佛气球被吹胀了一般。

制作泡芙所使用的面粉可根据需要选择高筋、中筋、低筋面粉。面粉筋性不同所制作的泡芙品质及外观均存在一定差异，产品配方中的其他原料如水、蛋等用量也有不同变化。

高筋面粉有很强的筋力和韧性，可以增大面糊吸收水或蛋的量。当蛋量充足，可使泡芙有更强的膨胀能力；若蛋量不足则会使泡芙膨大能力受阻，因面糊过硬而使面糊无法拓展造成泡芙体积过小。在正常情况下，使用高筋面粉制作的泡芙外表爆裂、颗粒较小，容易向上膨高发展。形态直立，但缺乏向四周膨大的丰满外观。使用高筋面粉制作的泡芙有特有的空心类似球体的特点。中筋面粉因筋力适中而最适合泡芙制作。其制成品具有高筋面粉和低筋面粉所不及的优点。低筋面粉因筋力较弱，在烘烤时容易爆裂，因此泡芙的表面所爆裂的颗粒较大，向四周膨胀范围较宽，体形显得较大，空心较狭窄、壳壁较厚。

2. 油脂

油脂是泡芙面糊中所必需的原料，除了能满足泡芙的口感需求外，也是促进泡芙膨胀的必需的原料之一。油脂的润滑作用可促进面糊柔软，易于延伸；油脂的起酥性可使烘烤后的泡芙外表具有松脆的特点，油脂分散在含有大量水分的面糊中，烘烤受

热达到水的沸腾阶段。面糊内的油脂和水不断互相冲击，发生油气分离，并快速产生大量气泡和气体，大量聚集的水蒸气形成强蒸气压是促进泡芙膨胀的重要因素之一。

油脂种类很多，其油性不同，对泡芙品质也有一些影响。制作宜选用油性大、熔点低的油脂，如猪油、无水奶油（酥油），其制作的泡芙品质及风味俱佳。但由于猪油、无水奶油不易与水融合，操作中容易造成失误，其运用广泛程度较低。

一般制作泡芙最常用的是色拉油。其油性小、熔点低，容易与其他材料混合均匀，操作简单，不易失败，缺点是没有味道，产品老化较快。

3. 水

水是烫煮面粉的必需原料，充足的水分是淀粉糊化所必需的条件之一。烘烤过程中水分的蒸发是泡芙体积膨大的重要原因。

4. 鸡蛋

鸡蛋中的蛋白是胶体蛋白，具有起泡性，与烫制的面坯一起搅打，使面坯具有延伸性，能增强面糊在气体膨胀时的承受力，蛋白质的热凝固性能使其增大的体积固定。此外，鸡蛋中蛋黄的乳化性能使制品变得柔软、光滑。

5. 食盐

食盐在泡芙中不仅具有调节突出风味的作用，亦有增强面糊韧性的作用，是泡芙的辅助原料，添加少许可使泡芙品质更佳。

（二）泡芙的生产工艺

工艺流程如图 3-16 所示。

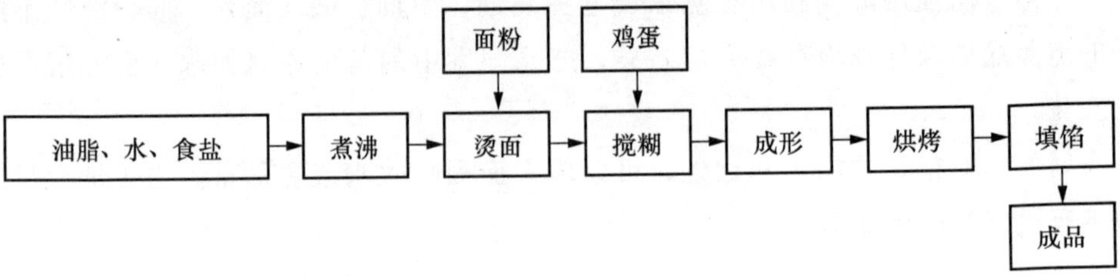

图 3-16　泡芙的工艺流程

1. 面糊调制

泡芙面糊的调制工艺直接影响成品的质量。泡芙面糊的调制一般经两个过程完成。

一是烫面。具体方法是：将水、油、盐等原料放入容器内，中火煮开，待黄油完全熔化后倒入过筛的面粉，用木勺快速搅拌，直至面团烫熟、烫透撤离火源。油加水煮的时候必须充分煮至沸腾才宜加入面粉，因为在翻滚沸腾状态下，可促使油脂分散于水中，而不仅仅是漂浮在液面上，有利于油脂均匀分散在面糊中。面粉加入后应快速搅拌均匀，继续煮至面糊形成凝胶状态，此时的面糊不会黏附于容器壁。

二是搅糊。面糊离火后，烫煮好的面糊可放入搅拌缸内用搅拌机搅拌，如果量少可在锅内用手搅拌。待面糊温度降至 60 ℃左右时分次加入蛋液。第一次加蛋量可稍多，可先加入两个蛋量搅拌，因为此时的面糊温度较高，太少量的蛋液易被面糊烫熟而影响蛋白的膨胀作用。第二次以后加蛋应以少量多次为好，每次以一个蛋量为宜。边加边搅拌，每次加蛋后必须充分搅拌至蛋液与面糊完全融合，再加下一次。如果蛋液加得过快，则很难形成均匀的糊状物。

使用搅拌机搅拌面糊时注意掌握面糊搅拌程度。因为搅拌机虽然搅拌起来很方便，但也容易造成搅拌过度，使面糊缺乏韧性和可塑性，影响面糊的膨胀力。搅拌完成的面糊最佳温度为 45 ℃。面糊温度与加蛋时机、加蛋次数、加蛋量、搅拌速度和时间等因素有关。搅拌完成后，检查面糊稠度是否符合质量要求。其方法是用木勺将面糊挑起，当面糊能均匀缓慢地往下流时，即达到质量要求。

若面糊流得过快，说明糊稀，相反，说明蛋的用量不够。蛋的用量一般在配方中有明示，但因各环节操作程度的差异而使蛋的用量有所不同，这需要依靠经验加以判断。通过检查面糊稠度来做适量调整。影响蛋量添加的因素主要有以下各项。

①水油煮沸时间：若水油煮得不够沸腾，水分蒸发较少而使面糊中水分较重，则需略减少蛋的用量，反之则适量增加；

②烫煮面团的时间：加入面粉后烫煮时间不足而使面糊水分过重同样影响加蛋量；

③加蛋过程：蛋液添加过快造成面糊吸收太慢从而进一步造成面糊过稀；

④配方中水分量偏多，超出面粉需要水量而造成面糊过湿，影响蛋的正常添加量。

搅拌完成若发觉面糊过硬可添加少许牛奶或蛋液继续搅拌均匀即可，但如果搅拌完成的面糊过稀则很难弥补，因此搅拌过程中需特别加以注意。

泡芙面糊调制过程中需注意的事项有：

①调制面糊时，使面粉完全烫熟烫透，防止煳锅底。

②面粉必须过筛，使面粉中没有干的面疙瘩。

③烫制面粉时要充分搅拌均匀，不能有干面粉疙瘩产生。

④要待面糊稍冷却后加入鸡蛋，而且每次加入鸡蛋必须搅拌至鸡蛋全部融于面糊后，再加下一次的蛋液。

面糊浓度凭经验来判断，一般可以用刮刀或刮板，刮取一部分的面糊，观察面糊能否从刮刀上滑下。如黏附在刮刀上的面糊形成三角形的薄片，不从刮刀上滑下，则表示面糊的浓度恰到好处；如果面糊有一部分从刮刀上滑下，则表示面糊太稀；如果黏附在刮刀上的面糊，不成三角形薄片，而是很短小的锯齿形，则表示面糊的浓度太高。

2. 成型

泡芙面糊调制完成后即可进入成形阶段。泡芙面糊成形的好坏直接影响到成品的形态、大小及质量。泡芙成形最常用的方法是挤注成形，将搅拌完成的面糊装入套有花嘴的裱花袋中，直接挤入烤盘内。

烤盘处理是泡芙成形步骤的一个重要环节。烘烤泡芙用的烤盘一般不直接刷油挤注面糊，因为烤盘涂油后，易造成面糊移动，烤好的泡芙底部无法良好定型，容易出现凹陷现象，严重时内部及外观都会受到影响。适宜的做法是将烤盘擦拭干净，表面撒少许高筋面粉，或者铺上一层白纸或不粘烤布。

泡芙因有很大的膨胀性，因此在挤注装盘时应留出足够的间隔，一般适宜保持在3 cm左右。挤注成形时应以一个烤盘一种相同造型为原则。如同一烤盘内造型有大有小，烘烤时会造成产品生熟不匀，小的产品可能已出现焦煳，大的产品还未成熟，而未熟的产品取出后很快出现萎缩塌陷。除了以挤注方式成形外，也可用小餐勺将泡芙面糊舀入烤盘中。

3. 烘烤

烘烤是泡芙形态形成的关键环节，稍有不慎可能造成前功尽弃。泡芙烘烤可分为三个阶段，第一阶段是体积膨大阶段，宜使用上火弱、下火强的炉温进行烘烤，以促进泡芙向上膨胀，一般炉温为上火180 ℃/下火220 ℃。泡芙进入烤炉后，面糊逐渐受热，产生气体推动膨胀，当面糊烤至8～15 min时，可通过烤炉观察窗看到泡芙体积膨胀约3倍，这时因泡芙尚未定型，切记不可开启炉门，否则将会使未定型的泡芙塌陷。此时可将炉温调节为上火强、下火弱，即上火220 ℃/下火180 ℃，继续烘烤至泡芙定型而不致使泡芙底部焦煳。

第二阶段是泡芙定型阶段。泡芙膨大因受上火强的影响，泡芙体积大增。表面也开始爆裂，并慢慢呈现金黄色，逐渐定型。这时可将烤炉门轻微打开，必要时可将烤盘两头互换位置，以促进烘焙颜色均匀。但打开炉门的时间及次数应尽量少，否则也会因为温度降低导致泡芙内部未熟的面糊萎缩，严重影响外观。这时的泡芙表面虽已定型，但内部还较湿润，应视表面色泽情况将上火降至180 ℃继续烘烤至完成阶段。

第三阶段是烘烤完成阶段，泡芙很容易因烘烤不足而烤后出现萎缩塌陷现象，烤好的泡芙颜色标准是表面金黄，裂缝里的颜色接近顶部颜色。烤到这样程度总的烘烤时间25～35 min。如果发现颜色差异较大，即使烘烤时间已到，仍需继续做适当烘烤，使泡芙色泽、质感完全达到要求。

4. 夹馅与装饰

（1）灌馅方法

①底部灌馅法　在泡芙底部扎孔，然后将膏状馅料灌入泡芙内。

②去盖夹馅法　将烤制成形的泡芙从中间用刀切开，挤入鲜奶油膏或其他馅料，再将泡芙顶盖上。

（2）装饰

①表面筛糖霜　这是泡芙较常见的装饰方法之一。将糖霜装入筛网中均匀筛在泡

芙表面。

②沾淋巧克力　将泡芙放入熔化的巧克力中使表面均匀沾淋一层巧克力，待巧克力凝固后加馅。

③ 水果装饰　多用于去盖填馅的泡芙，挤注填馅后再用各色水果加以装饰。

（三）泡芙质量要求

泡芙成品皮软且酥，样式美观，花纹清晰，大小均匀一致，内部有空囊，适合用奶油、水果等装饰。口味按加入的装饰料而不同。

泡芙的品质评定包括体积、表皮颜色、外表形状、香味、味道、组织结构等几个部分。现将各部分考核细则及要求说明如下：

（1）体积　做好的泡芙必须要膨胀至一定的程度。膨胀过大，会影响到内部组织，使面包多孔而过分松软；如膨胀不够，会使组织紧密，颗粒粗糙。

（2）表皮颜色　泡芙表皮颜色是由于一定的烤炉温度和配方内糖的使用而产生的，正常的表皮颜色应是金黄色。

（3）外表形状　泡芙成品形态要规范，厚薄都一致，无塌陷和隆起，不歪斜。

（4）表皮质地　良好的泡芙表皮应该薄而柔软。

（5）内部组织　组织细密，蜂窝均匀，无大气孔，无生粉，无糖粒，无疙瘩等，无生心，富有弹性，蓬松柔软。

（6）口感　入口绵软甜香，松软可口，有纯正蛋香味，无异味。

（7）卫生　成品内外无杂质，无污染，无病菌。

（四）泡芙制作中常出现的问题与产生原因

1. 体积小，不够膨大

产生的原因：

①加蛋时面糊温度过高，部分蛋液被烫熟而影响面糊的膨大。

②蛋液温度太低，或者不新鲜。

③面粉加入沸腾的油水中煮的时间太久。

④面粉加入煮沸的油水中烫煮时间太短，油水与面粉未充分融合，油脂从面糊中渗出，影响产品膨大。

⑤加蛋时面糊温度过低，造成蛋的用量减少和面糊与蛋液乳化不良。

⑥烤炉温度太低或烘烤过程中打开炉门使冷空气进入。

⑦面糊太干。

2. 成品形态差

产生的原因：

①面糊太稀，在烤炉中向四周扩张形成扁平形状。

②烤盘擦油太多而未撒粉，以致成形后的面糊向四周摊开。

③烫面时间不足。

④烘烤时上火太强，妨碍面糊向上膨胀。

3. 泡芙内部缺少空囊

产生的原因：

①面糊太干。

②配方内油的用量太多，尤其使用固体油脂更为明显。

4. 泡芙外壳太厚或太薄

产生的原因：

①蛋的用量多，导致外壳太厚。

②面糊干外壳厚，面糊稀外壳薄。

【业务经验】

泡芙制作时容易出现哪些质量问题？

1. 泡芙出炉后塌陷

原因可能如下：

（1）烘烤不够，尤其是烘烤的后段，要降低炉温，把泡芙充分烘烤熟透，底部及腰部足够硬，用手敲击泡芙外皮呈现清脆的声音，才能出炉。

（2）所用的面粉筋度不够。

2. 泡芙内部不够空心、皮壁较厚

可能的原因如下：

（1）所用的面粉筋度不够。面筋的性质较为脆弱，在烘烤过程中容易破裂，无法保存膨大的气体，产品的体积受到影响，壳壁较厚。

（2）面糊太稠。

（3）烘烤温度太低。

【工作任务实施记录与评价】

1. 生产任务描述

（1）生产任务　制作奶油泡芙。

（2）配方　配方见表 3-11。

2. 操作规程

（1）水油煮沸　将配方内的牛乳、奶油、盐放于煮锅内，一起煮沸。

（2）面粉烫熟　把高筋粉加入上述已煮沸的水油混合料中，边加边搅，至面粉完全糊化。

表 3-11　奶油泡芙配方表

原辅料名称	质量/g	烘焙百分比/%
高筋面粉	50	100
牛乳	75	150
奶油	35	70
蛋	80	160
盐	0.5	1

(3) 面糊加蛋　把上述面团转入搅拌缸内，冷却至 60 ℃。然后把蛋分几次加入，使用桨状搅拌器，用慢速搅拌，边加边搅。每加入一次蛋，都要充分搅拌均匀后才能再加入下一次蛋。至面糊的稠度合适时，即可停止加蛋。面糊稠度是否合适的判断标准是：用桨状搅拌器挑起面糊时，面糊可向下流，但很快就不流了，面糊在桨状搅拌器上停留呈三角形，下端形成锯齿形状。

(4) 挤制成型　平烤盘刷上一层很薄的油，然后撒上薄薄的面粉，或者垫上一层油光纸，然后把搅拌好的面糊装进裱花袋（使用 8～10 齿的裱花嘴），在上面挤出成型。

(5) 烘烤　以上火 200 ℃、下火 190 ℃，烘烤约 20 min。

(6) 奶油装饰　把烘烤完成的泡芙取出，充分冷却。然后切开，把打发好的鲜奶油用裱花袋装好，挤入泡芙的内部，或者加些水果做装饰。

3. 任务实施准备

(1) 设备器具　搅拌机、电烘炉、面刀、平烤盘、面团温度计、不锈钢盆、裱花袋、裱花嘴若干个。

(2) 小组人员岗位分配表（由组长分配）

工作岗位	姓名
配料	
调制面糊	
成型	
烘烤	
打发鲜奶油	
装饰	
质量控制	

4. 奶油泡芙生产工序记录

(1) 奶油泡芙面团制作

日期/组别	高筋粉/g	牛乳/g	盐/g	蛋/g	奶油/g

(2) 奶油泡芙烘烤记录

<table>
<tr><td rowspan="2">日期/组别</td><td colspan="4">工艺要求</td></tr>
<tr><td>上火____℃</td><td>下火____℃</td><td>烘烤时间/min</td><td>记录人</td></tr>
<tr><td></td><td></td><td></td><td></td><td></td></tr>
</table>

(3) 产品质量评价与分析

日期：　　　　　　　　　　　　　　　　　　组别：

<table>
<tr><td>评价项目</td><td>形态</td><td>色泽</td><td>组织</td><td>滋味与口感</td><td>杂质</td></tr>
<tr><td>评价描述</td><td></td><td></td><td></td><td></td><td></td></tr>
<tr><td>常见质量问题及解决方法</td><td colspan="5">常见质量问题：

原因及解决办法：</td></tr>
</table>

5. 任务实施效果评价

1. 自我评价

(1) 通过本次学习，我学到的知识点/技能点有：

____。

(2) 我认为在以下方面还需要深化学习并提升岗位能力：

____。

(3) 本次工作和学习过程中，我的表现可得到： □ □ □

2. 小组评价

小组评价表

<table>
<tr><td rowspan="2">项目</td><td rowspan="2">评价内容：综合能力评测
（1）请在对应的条目的□内打“√”或“×”，不确定的条目不填，可以在小组评价时让本组同学讨论并写出结论。
（2）评价结果全对得 ，错一项得 ，错两项得 </td><td colspan="3">评价等级
（学生互评）</td></tr>
<tr><td></td><td></td><td></td></tr>
<tr><td rowspan="4">综合能力测评项目（组内互评）</td><td>□按时到场　□工装齐备　□书、本、笔齐全</td><td></td><td></td><td></td></tr>
<tr><td>□安全规范操作　□责任心强　□6S 管理规范</td><td></td><td></td><td></td></tr>
<tr><td>□学习积极主动　□合理使用教学资源　□主动帮助他人</td><td></td><td></td><td></td></tr>
<tr><td>□接受工作分配　□有效沟通　□高效完成工作任务</td><td></td><td></td><td></td></tr>
<tr><td rowspan="3">专业能力测评（组间互评）</td><td>□原辅料准确计量　□制皮、制馅符合规范　□包馅操作准确</td><td></td><td></td><td></td></tr>
<tr><td>□设备操作熟练　□产品符合标准要求　□生产记录清晰、完整</td><td></td><td></td><td></td></tr>
<tr><td>□人员分配合理　□工作场地整洁有序　□团队配合协调好</td><td></td><td></td><td></td></tr>
<tr><td>小组评语</td><td>他（她）做到了：

他（她）做到了：

给他（她）的建议：</td><td colspan="3">组长签名：

年　月　日</td></tr>
</table>

任务5
月饼生产

月饼是使用面粉等谷物粉、油和糖（或不加糖）调制成饼皮，包裹各种馅料制成的主要在中秋节食用的传统节日食品，是中秋节的象征。几乎所有的华夏儿女都会在农历八月十五这天品饼赏月，阖家团圆。由于加工技术的不断提高和新材料的不断出现，月饼的品质不断提升，品种更加丰富，包装日益精致。我国月饼种类繁多，按地域划分主要有广式、京式、苏式、宁式等，其中广式月饼近年来已成为我国最受欢迎的月饼品种之一，它工艺独特，制作精细，造型美观，皮薄馅靓，味美可口，是全国各地月饼生产的主要品种。随着新技术、新工艺、新材料的采用，月饼生产将朝着营养化、艺术化、多样化的方向发展，以满足人民日益增长的物质文化需要。

【专业知识准备】

一、 月饼的分类

月饼的花色品种很多，按加工工艺、地方风味特色和馅料进行分类（参照GB19855—2015）。

（一） 按加工工艺分类

1. 热加工类

烘烤类：以烘烤工艺为最终熟制工序的月饼。

油炸类：以油炸工艺为最终熟制工序的月饼。

其他类：以其他热加工工艺为最终熟制工序的月饼。

2. 冷加工类

熟粉类：将米粉、淀粉、小麦粉或薯类粉等预先熟制，然后经制皮、包馅、成型的月饼。

其他类：以其他冷加工工艺为最终加工工序的月饼。

（二） 按地方风味特色分类

（1）广式月饼　以广东地区制作工艺和风味特色为代表，使用小麦粉、转化糖浆、植物油、枧水等制成饼皮，经包馅、成型、刷蛋液、烘烤等工艺加工而成的口感柔软的月饼。

（2）京式月饼　以北京地区制作工艺和风味特色为代表，配料重油、轻糖，使用提浆工艺制作糖浆皮面团，或以糖、水、油、面粉制成酥松皮面团，经包馅、成形、烘烤等工艺加工而成的味纯甜或纯咸，口感酥松或绵软，香味浓郁的月饼。按产品特点和加工工艺不同分为：提浆月饼、自来白月饼、翻毛月饼、大酥皮（翻毛）月饼等。

（3）苏式月饼　以苏州地区制作工艺和风味特色为代表，以小麦粉、饴糖、油等制成饼皮，小麦粉、油等制酥，经制酥皮、包馅、成型、烘烤等工艺加工制成的具有酥层且口感酥松的月饼。按馅料不同可分为蓉沙类、果仁类、肉与肉制品类、果蔬类等，其中果仁类的馅料中果仁含量应不低于20%。

（4）其他　以其他地区制作工艺和风味特色为代表的月饼。

（三） 以馅料分类

1. 蓉沙类

（1）莲蓉类　包裹以莲子为主要原料加工成馅的月饼。除油、糖外的馅料原料中，莲子含量应不低于60%。

（2）豆蓉（沙）类　包裹以各种豆类为主要原料加工成馅的月饼。

（3）栗蓉类　包裹以板栗为主要原料加工成馅的月饼。除油、糖外的馅料原料中，板栗含量应不低于60%。

（4）杂蓉类　包裹以其他含淀粉的原料加工成馅的月饼。

2. 果仁类

包裹以核桃仁、杏仁、橄榄仁、瓜子仁等果仁和糖等为主要原料加工成馅的月饼。馅料中果仁含量应不低于20%。

3. 果蔬类

（1）枣蓉（泥）类　包裹以枣为主要原料加工成馅的月饼。

（2）水果类　包裹以水果及其制品为主要原料加工成馅的月饼。馅料中水果及其制品的用量应不低于25%。

（3）蔬菜类　包裹以蔬菜及其制品为主要原料加工成馅的月饼。

4. 肉与肉制品类

包裹馅料中添加了火腿、叉烧、香肠等肉与肉制品的月饼。

5. 水产制品类

包裹馅料中添加了虾米、鱼翅（水发）、鲍鱼等水产制品的月饼。

6. 蛋黄类

包裹馅料中添加了咸蛋黄的月饼。

7. 其他类

包裹馅料中添加了其他产品的月饼。

二、 月饼生产原辅料

（一） 面粉

（1）面筋含量　专用面粉的蛋白质和湿面筋含量一般要求在9.5%～10.0%和22.0%～25.0%。制作月饼的面粉，宜选用面筋弹性中等、延伸性好、面筋含量较低的面粉，一般以湿面筋含量21%～28%为宜。如果面筋含量高、筋力强，则生产出来的月饼发硬、变形、起泡；如果面筋含量过低、筋力弱，则月饼会出现裂纹，易破碎。

（2）面粉的粗细度　月饼专用面粉的粗细度要求与饼干类似。不同种类月饼对面粉的粗细度要求不同。对于甜月饼一般要求全通过150 μm筛，如果面粉的颗粒大，则面团制作时吸水慢，影响和面时间，同时糊化温度升高，做出的月饼可能会有粘牙现象。如果面粉的颗粒太小，月饼在烘烤时会向上膨胀，影响月饼的形状。面粉的颗粒最好能全通过125 μm筛，这样生产出的月饼表面光滑细腻，没有粗糙感。

（3）面粉的灰分含量　月饼厂家对面粉的灰分含量要求越来越严格。灰分高，面粉加工精度低、粉色差、含麸量多，所生产出来的月饼结构粗糙、颜色深、口感差。如果面粉的灰分低，则相反。对于生产颜色浅的月饼，最好使用灰分低、麸量少的面粉。

（4）降落数值　降落数值是用于衡量面粉中α-淀粉酶含量高低的指标。降落数值高，表明面粉中α-淀粉酶含量低；降落数值低，则表明面粉中α-淀粉酶含量高。特别是用发芽小麦研磨出来的面粉中含有大量的α-淀粉酶，和面以后α-淀粉酶就会分解淀粉分子，产生糊精及麦芽糖。降落数值太低的面粉，不适用于制作颜色浅的月饼，因为这类面粉中α-淀粉酶含量高，酶作用于淀粉产生大量的麦芽糖，烘烤时美拉德反应和焦糖化作用强烈，产生大量褐色物质，使得月饼颜色加深。同时，由于小麦发芽，会影响面筋的质和量，使面筋减少，面筋质变弱，制造出来的月饼会产生裂纹，容易破碎。

（二） 油脂

1. 油脂的作用

油脂是月饼生产的主要原料，在月饼生产中，油脂使月饼有良好的风味和外观色泽；此外还会限制面团的吸水性，控制面筋的生成，增加面团所包空气的量；油脂分布在面粉蛋白质或淀粉微粒周围，形成一层油膜，使月饼皮不易粘辊和印模，花纹清晰。

油脂的多少对月饼质量的影响很大，不同的用量、不同的种类，产生的效果也不一样。油脂少时，虽增强了产品的抗裂能力和强度，但减少了内部的松脆度，会造成产品严重变形、口感硬、表面干燥无光泽、面筋形成多；油脂多时，能助长饼皮的疏松起发、外观平滑光亮、口感酥松。

2. 月饼生产中常用的油脂

油脂按其原料来源分为食用植物油和食用动物油。

（1）植物油　月饼生产中常用的植物油包括棕榈油、橄榄油、椰子油、菜籽油、花生油、豆油和混合植物油。

棕榈油和橄榄油均属月桂酸系油脂，在常温时呈硬性固体状态，饱和度也高，稳定性好，不易氧化，可用于月饼表面的喷油。用在月饼生产中，则因缺乏稠度和塑性，加工性能差。但因棕榈油价格低于一般精炼植物油，仍有不少月饼厂将其与精炼植物油搭配使用。椰子油的熔点范围为 24～27 ℃，当温度升高时，椰子油不是逐渐软化，而是在较窄的温度范围内骤然由脆性固体转变为液体。利用此特性，椰子油用于夹心料中，吃到嘴里能较快融化。

精炼的菜籽油、花生油、豆油和混合植物油在常温下呈液态，有一定黏度，润滑性和流动性好，用于月饼面团中，不但起酥性好，而且能提高面团的润滑性，降低黏性，改善月饼面团的机械操作性。这些植物油的不饱和脂肪酸含量高，易氧化，但它们都含有微量的天然抗氧化剂，如维生素 E、芝麻酚等，对这些植物油本身起到保护作用，因此其稳定性比猪油好。这些精炼植物油可用于储存期不长、油脂含量较少的月饼中，用量不宜太高，否则面团中的油容易发生外析现象，影响操作和产品质量。

精炼的香油具有独特的香气，可用于芝麻薄脆月饼等特定口味的月饼，以提高月饼的风味。植物油含不饱和脂肪酸，常温下为液体，易氧化分解，在光照下酸败变质，不要存放时间过长。

（2）猪油　猪油是月饼和其他焙烤制品常用的油脂之一。猪油分猪板油、猪膘油和猪网油三种。其中专门从猪腹部的板油提炼的油脂质量最好，色泽洁白，具有猪油特有的温和香味，其酸价不超过 0.8；猪膘油和猪网油质量差些，酸价最高可达 1.5，常带有不愉快的气味。猪油的熔点为 36～42 ℃，当温度逐渐升高时，猪油便显示出逐渐软化而不流动的特性，达到熔点时变为液体。良好塑性和稠度的猪油使月饼具有优良的起酥性。

猪油色泽洁白光亮，质地细腻，含脂率高，具有较强的可塑性和起酥性，制出的产品品质细腻，口味肥美。但猪油起泡性能较差，不能用作膨松制品的发泡原料。在制作面团时，大多掺入无异味的熟猪油。糖渍猪油丁制品应选用质量好的生板油。

猪油是动物性油脂，不含天然抗氧化剂，容易氧化酸败，在月饼加工过程中经高温烘烤，稳定性差，宜用于保存期不长的月饼中，或者在使用时需添加一定量的抗氧化剂。

（3）起酥油　起酥油是由精炼动植物油脂、氢化油或这些油脂的混合物，经混合、冷却塑化而加工出来的具有可塑性、乳化性等加工性能的固态产品或具流动性的油脂产品，可根据不同需要用合理配方使油脂性状分别满足各种焙烤制品的要求。

调节起酥油中固相与液相之间的比例，可使整个油脂成为既不流动也不坚实的结构，使其具有良好的可塑性和稠度；也可增加起酥油中液状食用性植物油的比例，制成流动性的起酥油，以满足月饼加工自动化及连续化的需要。

起酥油中往往添加了乳化剂。乳化剂在面团调制时与部分空气结合，这些面团中包含的气体在月饼烘烤时受热膨胀，能提高月饼的酥松度。起酥油的熔点范围可随不同配方而定，月饼用的起酥油熔点为 36～38 ℃，可用于油脂含量高、保存期适中的月饼中。

（4）月饼皮料专用油　月饼皮用油大体上是沿用花生油作为主要原料。但花生油制成的饼皮容易发硬。在面团和好后稍加静置就呈脆性，月饼皮延展性差，容易在月饼成形过程中发生露馅和黏模，不易脱模。

月饼皮料专用油脂可以避免花生油的这些缺陷，并且因其具有芳香味，使饼皮在细软的同时尚能感觉到奶油香味。

月饼皮料专用油脂选用新鲜的植物性油脂，通过特定的加工工序制成；无水、无盐、色泽金黄；稳定性好，保质期长，延展性好，易脱模。

月饼皮料专用油脂比花生油稳定性好，产品不易腐败，可以存放较长时间。这种皮料专用油脂不仅适用于广式月饼，在苏式月饼和潮式月饼中也同样可以应用。同时还可以与月饼馅心专用油脂混合用于馅心的制作。

（5）月饼馅专用油脂　月饼馅心中的油脂，传统上一般采用猪油，使用猪油月饼口感好，但保存稳定性差，容易腐败变质。目前有些厂商使用人造奶油或起酥油来代替猪油，保存性能虽好，但普遍馅心容易变硬，有粒质粗糙感，有的更会产生一种不愉快的气味，使产品档次受到损害。

月饼馅心专用油脂选用新鲜的植物性油脂，通过特定的加工工序制成；稳定性好，品质优良，保质期长，易操作，色泽金黄，具有怡人的天然奶油香味；食用后具有口感柔软、香糯、不黏牙或上腭的良好效果。

（三）糖

1. 糖在月饼生产中的作用

（1）改善月饼的色、香、味、形　月饼中添加足量的糖，就能经过焙烤使“焦糖化作用”与“美拉德反应”加速，不仅会使月饼表面有金黄至棕黄的色泽，而且还产生焙烤制品固有的焦香风味。

（2）延长产品的保存期

a. 抗氧化作用：氧气在糖溶液中的溶解量比在水溶液中低得多，因此糖溶液具有抗氧化性。还由于砂糖可以在加工中转化为转化糖，具有还原性，所以是一种天然抗氧化剂。在油脂较多的食品中，这些转化糖就成为油脂稳定性的保护因素，可以防止酸败的发生，延长保存时间。

b. 防腐性能：当糖液的浓度达到一定值时，会有较高的渗透压，能使微生物脱水发生细胞的质壁分离，从而抑制微生物的生长和繁殖。这在糖含量较高的食品中效果比较明显，一般细菌在50%的糖度下就不会繁殖。因此，月饼中的含糖量高可增强其防腐能力，延长产品的保质期和保存期。

c. 吸水性和持水性：糖可使焙烤食品在保质期内保持柔软。因此，含有大量葡萄糖和果糖的各种糖浆不能用于酥性焙烤食品，否则会因吸湿返潮而使其失去酥性口感。

2. 月饼生产中常用的糖

主要有白砂糖、绵白糖等。

（四） 鸡蛋

鸡蛋不是月饼生产的必要原料，但对改善月饼的色、香、味、形，以及提高其营养价值等方面都有一定的作用。

月饼生产中常用的蛋品主要是鲜鸡蛋。鲜鸡蛋发泡性能好，营养价值高。须选用新鲜的、不散黄的、不变质的鸡蛋。使用鲜鸡蛋的缺点是蛋壳处理麻烦，影响生产环境的卫生。所以使用鲜鸡蛋要特别注意卫生，必要时要进行清洗消毒。

鲜鸡蛋在常温下极易腐败变质，特别是在夏季，因此需要低温储藏，一般储藏温度以－1.7～－0.6 ℃为宜，过低的温度会将蛋壳冻破。

蛋制品在月饼中有增加月饼皮的酥松度，增进月饼的色、香、味，以及提高月饼的营养价值等作用。

（五） 疏松剂

月饼要获得多孔状的疏松结构与食用时的酥松口感，就要添加疏松剂，如油酥皮月饼、蛋调皮月饼、水调皮月饼等。制作月饼不使用酵母作疏松剂是由于多数月饼是多糖多油脂的，这种条件不利于酵母的生长繁殖，故月饼膨松都使用化学疏松剂。使用化学疏松剂操作简便，不需要发酵设备，也可缩短生产周期。

当月饼在烘烤时，化学疏松剂受热而分解，产生大量的二氧化碳气体，可以使月饼坯起发，在月饼内部结构中形成均匀致密的多孔性组织，从而使成品具有蓬松酥脆的特点。

1. 疏松剂的作用

（1）使食品在食用时易于咀嚼　疏松剂能增加制品的体积，产生松软的组织。

（2）增加制品的美味感　疏松剂内部有细小孔洞，使产品组织松软，因此食用时，唾液易渗入制品的组织中，溶出食品中的可溶性物质，刺激味觉神经感受其风味。没加入疏松剂的产品，唾液不易渗入，因此味感平淡。

（3）利于消化　食品经疏松剂作用形成松软多孔的结构，进入人体内，如海绵吸水一样，更容易吸收唾液和胃液，使食品与消化酶的接触面积增大，提高消化率。

2. 对疏松剂的一般要求

①以最小的使用量而能产生量最多的二氧化碳气体。

②在冷的面团中，二氧化碳气体的产生较慢，一旦入炉烘烤，能迅速而均匀地产生大量气体。

③经烘烤后的成品中所残留的物质，必须无毒、无味、无臭和无色。

④化学性质稳定，在储存期间不易发生变化。

⑤价格低廉，使用方便。

常用的化学疏松剂多属碱性化合物，如小苏打、碳酸氢铵及碳酸铵等。碳酸氢铵起发能力略比小苏打强，分解时它较碳酸铵少产生一分子氨，在制成品中残留少，因而降低了制品中的氨臭味，用量适当时不会造成过度的膨松状态。现在我国一般月饼厂都将小苏打和碳酸氢铵混合使用，以弥补两者的缺点。两者使用总量，根据月饼配方占面粉量的0.5%～2.0%。当然，各地区掌握配料总和有较大幅度的出入。

（六）果料

月饼中用到果料，以增加产品的滋味，同时果料本身独特的香味也有助于提高产品的风味，增加月饼的营养价值。常用的果料有瓜子仁、果仁、干果、果脯、蜜饯、果酱、干果泥、新鲜水果、罐头水果等。

（七）干果与水果、蜜饯

干果有时也称果干，月饼生产中最常用的果干是葡萄干，还有杏干、枣干、梅干、桃干等。

蜜饯食品是以干鲜果品、菜蔬等为主要原料，经糖渍蜜制或盐渍加工而成的食品。其含糖量为40%～90%，多用于糕点的馅料加工及作为装饰料使用。

（八）花料

花料是鲜花制成的糖渍类果料。糕点中常用的花料有甜玫瑰、糖桂花等，它们多用作各种馅心或装饰外表，桂花配入蛋浆时可起到除腥作用。

（1）糖桂花　选用颜色金黄、香味浓郁的鲜桂花，先经过盐渍制成咸桂花，然后将咸桂花水分榨除后放入盛有浓糖汁的坛中浸渍，即为成品。

（2）甜玫瑰　将鲜玫瑰花进行挑选，除去花心后，用糖揉搓，放入缸中，放一层花、撒一层糖，装满缸后密封发酵，在发酵过程中需要捣缸和加糖，一般发酵2～3个月即可使用。

（九）食用色素

月饼中常用的天然色素有姜黄素，它是一种油溶性色素，也溶于酒精，但不溶于水。其他黄色素如栀子黄素、胡萝卜素、红花黄素等也经常使用。红色素有红曲色素，红曲色素对 pH 变化较稳定。此外，月饼生产中还可以利用焦糖作为天然色素。

（十） 香精和香料

在月饼中使用香精或香料的最主要目的是赋予月饼独特的香味，提高月饼的风味。因此，可以根据不同的月饼品种，选择不同的香精或香料，使月饼具有不同的香味。例如在草莓、凤梨、哈密瓜等水果馅料中添加相应的水果香精。

三、 月饼的生产工艺

月饼生产工艺较复杂，其制作过程大致分为面团调制、制馅、包馅成型、烘焙、冷却等几个重要工序。

1. 工艺流程

如图 3-17 所示。

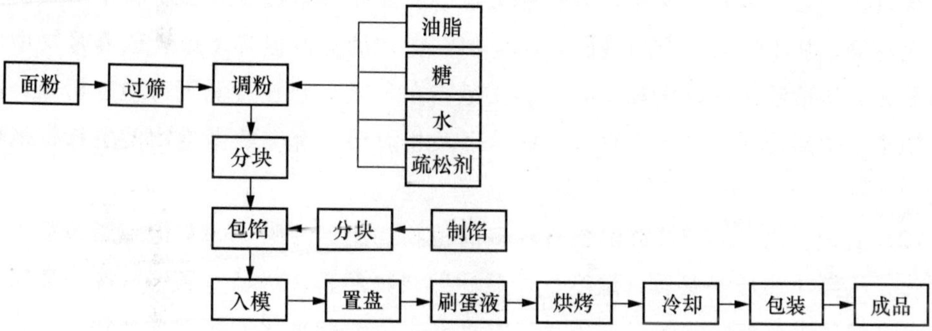

图 3-17 月饼生产工艺流程

2. 操作要点

（1）面团调制 首先将煮沸溶化过滤后的白糖糖浆、饴糖及已溶化的碳酸氢铵投入调粉机中，再启动调粉机充分搅拌，使其乳化成为乳浊液。然后加入作为皮料的面粉，继续搅拌调制成软硬适中的面团。停机以后，将面团放入月饼成形机的面料斗中待用。

（2）制馅 首先将糖粉、油及各种辅料投入调粉机中，待搅拌均匀后，再加入熟制面粉继续搅拌均匀，即成为软硬适中的馅料，放入月饼机的馅料斗中待用。

（3）包馅成型 开动月饼成形机，输面制皮机构、输馅定量机构与印花机构相互配合即可制出月饼生坯。

（4）烘焙 成形后的生坯经手工或成形机的附件摆盘以后，送入烤炉内进行烘烤，炉温为 240 ℃左右，烘烤时间为 10 min。

（5）冷却 月饼的水、油、糖含量较高，刚刚出炉的制品很软，不能挤压，不可立即包装，否则会破坏月饼的造型，而且热包装的月饼容易给微生物的生长繁殖创造条件，如挤压或立即包装，会使月饼变质。月饼出炉以后便进入输送带，待其凉透后可装箱入库。

四、月饼的包装

月饼的馅料多采用植物性原料种子，如核桃仁、杏仁、芝麻、瓜子仁、山楂、莲蓉、红小豆、枣泥等，含糖量较为丰富。植物性的种子含不饱和脂肪酸高，以油酸、亚油酸居多，富含矿物质。由于月饼要保持外皮的一定酥度，所以不能受潮。

1. 影响月饼保鲜的因素

导致月饼变质的原因主要是月饼中的微生物超标以及油脂酸败（俗称“哈喇”）两种。而影响其品质的因素还有水分含量、机械损伤等。

（1）微生物超标　月饼生产中有高温烘烤这一道工序，尽管通过高温烘烤可大量消灭月饼中的微生物并使月饼达到基本无菌状态。但烘烤之后，月饼在冷却、包装、储存等过程中会受到来自操作环境、加工设备、操作人员以及包装材料中所带微生物的二次污染。如不采取相应的措施，微生物在适宜的温湿度环境中会依靠月饼中的丰富养分大量繁殖致使月饼发霉变质。有文献指出，微生物在常温下可快速繁殖，在高温下繁殖会受到抑制；包装内的氧气含量以及相对湿度都会给微生物的生长带来明显影响。

（2）油脂氧化　由于月饼中含有较多的植物油脂，油脂中的不饱和脂肪酸可被氧气氧化，从而导致月饼变质。温度、光照和射线辐照、含水量、氧气浓度、暴露面积等都是引起月饼油脂酸败的主要因素。温度升高，油脂氧化的速度会加快；月饼中水分含量较高或特别干燥时也会加快酸败速度；而月饼暴露面积的大小以及包装内氧气浓度的高低将明显影响油脂的氧化速度，是影响油脂氧化速度的主要因素。

（3）水分含量　月饼含有丰富的油脂和糖分，受热受潮都极易发霉变质，月饼皮的平衡湿度较低，在潮湿条件下容易吸潮而变软。因此，月饼的包装材料应具有中等的防潮性能。如果包装材料的水蒸气透湿率太低，将会促进霉菌的生长，而且月饼皮会发软。反之，如果包装材料的透湿率太高，则月饼很容易发干和败坏。

（4）机械损伤　月饼在储运过程中需要轻拿轻放，尤其是潮式月饼因饼皮酥松，最容易破碎。如果饼皮脱落，不仅影响外观，而且影响口味、质量，并易受潮变质。因而月饼的包装应具备一定的保护作用，需要具有一定的机械强度，给月饼缓冲的余地。

2. 月饼的保鲜包装

尽可能减少月饼中的微生物，目前国内月饼包装主要是通过在月饼包装物内添加能够抑制或杀灭月饼及包装物和环境中的微生物为主的抗菌抑菌剂。

其次是尽量减少包装内的氧气含量，一方面是在包装内封入脱氧剂以有效去除包装过程中残留在包装内的微量氧气；另一方面是采用具有优异的隔氧性能的阻隔性包装材料［如铝箔、聚偏二氯乙烯（PVDC）、树脂膜等，以及由它们制成的复合薄膜］并与真空或充氮包装结合使用。脱氧剂能去除月饼包装物中的部分氧气，可减缓月饼中油脂的氧化速率，同时抑制部分需氧微生物的生长，达到月饼保鲜的目的。但该类保鲜剂对月饼包装物的要求较高，使用成本亦较高。实际使用时可以根据保质期以及储藏需求来判定是否需要使用脱氧剂。

再次是采用阻湿性材料进行包装，以减少环境湿度对月饼质量的影响。有文献指出，当月饼的含水量大于24%时，其微生物污染菌种主要是细菌和酵母，然而细菌多为厌氧菌，酵母为兼氧菌，因此脱氧剂对它们无效，所以其保质期与脱氧剂的规格以及吸氧量的大小无关；而含水量在18%～20%时微生物污染菌种以霉菌为主，霉菌为需氧菌，使用脱氧剂能有效抑制其生长，月饼可以获得较长的保存期。由此可见，对于月饼包装而言，必须控制包装材料的阻湿性，否则由月饼除氧所获得的保质效果并不理想。另外，还要注意遮光，以保障月饼的品质完好。

目前，市场上月饼的包装方案主要有聚乙烯塑料袋、纸盒、浅盘外裹包、涂塑玻璃纸等包装形式。纸盒包装内部衬垫塑料薄膜。也有采用玻璃纸与定向聚丙烯复合材料，这兼具耐磨性好，防潮性优，而且改善了低温下的柔韧性，便于储运。有PVDC高阻隔涂布膜，两种基材的优点在月饼的直接接触包装中应用广泛。

（1）塑料托盘　用于固定月饼，减少月饼在储运过程中的机械损伤，同时可以把月饼与防潮剂隔开。

（2）软塑料外裹包装袋　用于保持月饼风味与品质，防止月饼氧化变质。主要材料为：玻璃纸（PT）、聚偏二氯乙烯（PVDC）复合材料或者双向拉伸聚丙烯薄膜（BOPP），由于不便于印刷，需热封，属于非极性材料，如需印刷，则印刷前处理较为复杂，应当选择危害物较少的油墨。

（3）纸盒　具有美观、方便运输堆放以及遮光的作用。纸盒上可印刷该产品的特点以及相关信息等内容吸引消费者。材料主要为复合纸，内衬聚乙烯（PE）、玻璃纸（PT）/聚乙烯（PE）、双向拉伸聚丙烯薄膜（BOPP）/聚乙烯（PE）等，防潮效果好，可以设计为不同外形，回收率高、环保。

（4）外包装盒　精美大方，适合丁馈赠亲友，但容易造成浪费和过度包装的问题。近年来，月饼包装过于豪华，价格偏贵，甚至于出现包装盒价值远大于月饼价值的现象，浪费时有发生。主要材料有瓦楞纸、布、复合塑料等。

【生产案例】

广式月饼

“八月十五谓之中秋，民间以月饼相馈，取团圆之意。”这个传承千年的节日，至今依旧寄托着每个人心底对家庭、圆满、幸福最美好的情怀。

广式月饼以糖浆皮为主，皮薄而松软滋润，馅料细滑，色泽金黄，外形规整，饼面上的图案花纹玲珑浮凸。

广式月饼的主要特点是重油、皮薄、馅多。馅料多选用当地著名特产，如椰丝、橄榄仁、蜜橘饼、广式香肠、叉烧肉、咸蛋黄等。在工艺上，制皮制馅均有独到之处。其外皮棕红有光，并有凹凸清晰的图案；馅心重在味道和质地。在风味上善于利用各种呈味物质的互相作用构成特有风味，如用糖互减甜咸、用辛香料去肉类腥味，利用各种辅料所具有的不同分子结构产生不同的色、香、味，形成蓉沙类馅细腻润滑、肉禽类和水产制品类口味甜中带咸的特点。

广式月饼的具体做法，以下示例可做大月饼 8 个或小月饼 20 个。

用料：面粉 160 g，植物油 56 g，转化糖浆 110～120 g，枧水 2.4 g，月饼馅（大月饼需要 880 g，小月饼需要 600 g），咸蛋黄（大月饼需要 8 个，小月饼需要 10 个），装饰（蛋黄 2 个，全蛋 1 个）

做法：

①把油、糖浆、枧水及盐放入容器中，微波炉加热几十秒，至糖浆变稀。筛入面粉，用橡皮刀拌匀，做成的月饼皮像耳垂般柔软即可。覆盖保鲜膜，室温下放置四小时以上。

②咸蛋黄在酒里泡 10 min 去腥，然后把蛋黄放烤盘中，不用预热烤箱直接烤，180 ℃烤 7 min，取出待凉。

③分割月饼皮：如果做大月饼，把月饼皮分成 8 份，每份 40 g；如果做小月饼，每份 15 g，共 20 份。

④分割月饼馅：如果做大月饼，把月饼馅分成 8 份，每份 110 g，分别包好蛋黄搓圆；如果做小月饼，每份 30 g，共 20 份，分别包半个蛋黄，搓圆。

⑤包月饼：手掌放一份月饼皮，两手压平，上面放一份月饼馅。一只手轻推月饼馅，另一只手的手掌轻推月饼皮，使月饼皮慢慢合上，直到把月饼馅全部包住为止。这个技巧很重要，可以保证月饼烤好后皮馅不分离。月饼模型中撒入少许干面粉，摇匀，把多余的面粉倒出。包好的月饼表皮也轻轻地抹一层干面粉，把月饼球放入模型中，轻轻压平，力量要均匀。然后上下左右都敲一下，就可以轻松脱模了，依次做完所有的月饼。

⑥烤箱预热至 180 ℃。在月饼表面轻轻喷一层水放入烤箱最上层烤 5 min。取出刷蛋黄液，同时把烤箱调低至 150 ℃，再把月饼放入烤箱烤 7 min，取出再刷一次蛋黄液，再烤 5 min，或到自己喜欢的颜色为止。最后一次进烤箱时，可以只用上火，上色更快。刷蛋黄液可增加饼皮表面光泽，蛋液要稠度适当，能拉开刷子，薄薄地刷上两层，如果过厚会造成烘烤时着色过深，还会影响花纹的清晰度。

⑦把烤好的月饼取出，放在架子上完全冷却，然后放入密封容器放两至三天，使其回油，即可食用。

任务 5.1　广式月饼生产

广式月饼是以广东地区制作工艺和风味特色为代表，使用小麦粉、转化糖浆、植物油、枧水等制成饼皮，经包馅、成型、刷蛋液、烘烤等工艺加工而制成，是目前月饼市场的主流，占整个市场 60%以上。广式月饼闻名于世，最基本的还是在于它的选料和精巧的制作技艺。其特点是皮薄松软、油光闪闪、色泽金黄、造型美观、图案精致、花纹清晰、品种繁多、不易破碎、品名雅致、包装讲究、携带方便，具有色泽诱人、软滑甘甜的独特风味。

广式月饼除了有传统的纯正莲蓉月饼、蛋黄莲蓉月饼、五仁月饼等，还有各式各样的食疗月饼，如无糖月饼。广式月饼分为甜、咸两大类。月饼馅料的选材十分广泛，除用绿豆、芋头、莲子、杏仁、橄榄仁、芝麻等果实料外，还可选用咸蛋黄、叉烧、冬菇、冰肉、糖冬瓜、虾米、橘饼、陈皮、柠檬叶等多达二三十种原料。

近年来，还发展到使用凤梨、哈密瓜、草莓等水果，甚至还使用鲍鱼、鱼翅、鳄鱼肉、瑶柱等较名贵的原料做馅。

【任务目标与质量要求】

学会广式月饼制作的基本工艺流程，包括掌握原辅料的处理方法，正确使用相应添加剂，并注意投料顺序，能按产品配方比例计算出所需原料的实际用量。掌握好温度、湿度；能按不同产品的特点控制加工的过程，使最终产品的质量达到要求。能够运用所学知识，分析广式月饼出现的质量问题并分析原因。

【学习产出目标】

1. 掌握广式月饼加工原理和生产工艺；
2. 能选择广式月饼生产的原辅料；
3. 学会熬制糖浆；
4. 学会调制广式月饼的面团；
5. 学会月饼馅料的调制；
6. 掌握广式月饼的质量要求；
7. 能够处理广式月饼加工中出现的问题；
8. 能够主动获取信息，展示学习成果，对工作过程进行总结与反思，与他人进行有效沟通，团结协作。

【工作程序与方法要求】

序号	工作程序	操作步骤	注意事项
1	准备工作	做好卫生清洁、工具准备； 检查设备；	能发现并解决卫生问题； 检查设备确保设备的正常运行。
2	原辅料准备	1. 准备糖浆； 2. 准备枧水	熬制的糖浆需要贮存一段时间，使蔗糖进一步转化，确保月饼的回油、回软速度。
3	面团调制	将糖浆、油脂、枧水等混合，中速搅拌均匀，形成乳状液；加入 2/3 面粉，搅匀后静置 20 min 后再加入剩余的 1/3 面粉。面团调制好后，一般要静置 30～40 min。	为了防止面粉起筋，不宜过早加入面粉； 通过静置环节，使面团的张力松弛，降低面团的弹性、黏度，改善其加工性能。
4	包馅与成型	手工包馅成型：一般皮：馅＝2：8 或 3：7，要求饼皮厚薄均匀，无内馅外露。取分好的皮料，用手掌按扁，放馅，收口。把捏好的月饼生坯，收口朝上放入特制的印模内，用手掌向下按扁，不使饼皮露边或溢出模口。操作台上，稍撒干粉，以防成型时粘印模，然后敲脱印模，逐个置于烤盘内。	皮馅比例要控制精准；操作要熟练、干净。
		成型机成型：面皮通过压面轮与擀薄装置擀薄，经过最后一道主机压面轮，面皮会落在主机输送带上，通过加馅部件加馅，再经由卷轮及辅助卷轮将面皮卷成条状；开启分离式捏花成型机，并设定其切断长度以决定产品的长度尺寸及重量大小。	1. 开机前应检查机器的清洁卫生状况及各运转部位是否灵活可靠； 2. 生产前按不同产品根据生产工艺的要求，调节成型模的升降高度及成型时间的长短，待调整参数达到工艺要求后，方可进行生产； 3. 月饼成型机在运行中若出现异常，应立即切断电源，待故障排除后重新启动； 4. 在运行中若出现异常现象，应立即切断总电源，待故障排除后，方可进行再生产。
5	烘烤	在进炉前需在表皮喷水，使饼皮表面形成一层水膜。以上火 180～230 ℃，下火 180～200 ℃烘烤 3～5 min，使月饼定型，待表面呈金黄色时取出，再薄薄地刷一层蛋液，一定要均匀。	烘烤前表面刷水；烘烤过程中刷蛋液。感官判断月饼是否烤熟：看月饼的底面中心部位有无湿面状，或采用测温仪测月饼中心温度，在 85 ℃以上基本烤熟。
6	冷却与包装	月饼出炉后冷却至 50～60 ℃即可包装。应选择可降解或易回收，符合安全、卫生、环保要求的包装材料。	冷却环节必不可少。

【业务知识】

广式月饼是目前最大类的月饼，它起源于广东及周边地区，目前已流行于全国各地。从历史上看，广式月饼的流派形成尚不足 200 年，但发展很快。据了解，目前全国的月饼产量中，广式月饼已占了 80%以上。广式月饼以用料考究、工艺精细、制作严谨、皮薄柔软、色泽金黄、图案花纹玲珑浮凸、造型美观、馅大油润、馅料多样、质量稳定、风味纯正、甘香可口、回味无穷而成为月饼族的龙头。

广式月饼的饼皮最薄，通常皮馅比 2∶8，皮馅的油含量高于其他类，吃起来口感松软、细滑，表面光泽突出等。

广式月饼分为咸、甜两大类，根据馅料也有软馅月饼和硬馅月饼之分。

现在的广式月饼，既有历史悠久的传统产品，又有符合不同需要的创新产品，如低糖月饼、低脂月饼、水果月饼、海鲜月饼等，高、中、低档兼有，越来越受到国内外食客的青睐。

（一）广式月饼生产工艺流程

如图 3-18 所示。

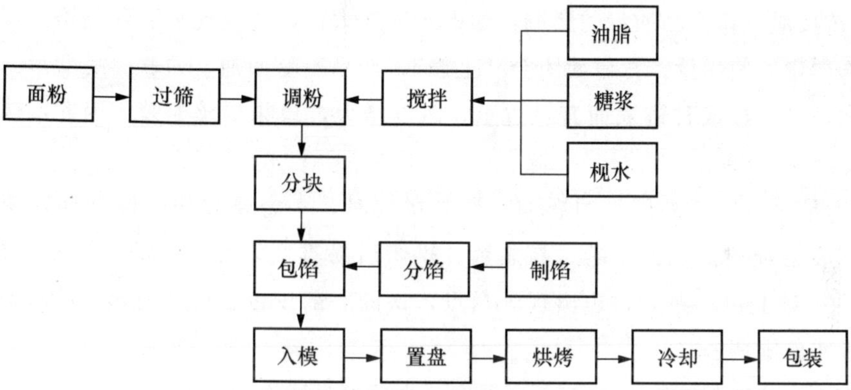

图 3-18 广式月饼生产工艺流程

（二） 生产工艺要点

1. 原料处理

(1)糖浆

方法一是将白砂糖 50 kg 放入 17.5 kg 水中进行加热，使糖溶化，随后加入 2 kg 饴糖进行熬制，过滤后备用。

方法二是将白砂糖 50 kg 放入 17.5 kg 水中，加热煮 5～6 min，将柠檬酸 40 g 用少量水溶解后，加入糖浆中，用文火熬约 30 min，当糖液温度为 110 ℃时，过滤后备用。

实践证明，制作广式月饼的糖浆转化率为75%，浓度达到82%时较为实用。

(2) 枧水　在调制广式月饼饼皮面团时，常加入枧水。枧水是广式糕点常见的传统辅料，它是用草木灰加水煮沸浸泡一日，取上清液而得到碱性溶液，pH 为12.6。草木灰的主要成分是碳酸钾和碳酸钠。

①加枧水的目的　广式月饼中加入枧水的目的：中和转化糖浆中的酸，防止月饼的酸味过大而影响口感；使月饼饼皮碱性增大，有利于月饼着色，碱性越高，越易着色，因此通过调节枧水的用量，也可以调节饼皮的颜色；枧水与酸进行中和反应产生一定的二氧化碳气体，促进了月饼的适度膨胀，使月饼饼皮口感更加疏松又不变形。

②枧水的组成　枧水的主要成分为碳酸钾和碳酸钠。

现在使用的枧水已不是草木灰了，而是人们根据草木灰的成分和原理，用碳酸钾和碳酸钠作为主要成分，再辅以碳酸盐或聚合磷酸盐，配制而成的碱性混合物，在功能上与草木灰枧水相同，故仍称为枧水。如果仅用碳酸钾和碳酸钠的配皮枧水，则性质很不稳定，长期储存时易失效变质。一般都加入10%的磷酸或聚合磷酸盐，以改良保水性、黏弹性、酸碱缓冲性等。

③ 枧水对月饼生产的影响

A. 浓度对月饼产品质量的影响：如枧水浓度太低，造成枧水加入量增大，会减少糖浆在面团中的使用量，月饼面团会“上筋”，产品不易回油、回软、易变形。如果枧水浓度太高，会造成月饼表面着色过重，碱度增大，口味口感变差。因此，枧水浓度一般为30～35 °Bé。

B. 用量对月饼产品质量的影响：调制饼皮时，一定要按配方标准加入枧水，如果枧水过多会使成品色泽发暗，易焦黑。烘烤后易霉变，影响回油；枧水放得太少，烘烤时饼皮难上色，熟后饼边出现乳白点，饼的底部皮色变白，有砂眼影响外观。

④枧水的配制

配方一：纯碱粉 50 g，水 15 g，混合一夜后再过滤方可使用。

配方二：纯碱粉 12.5 kg，烧碱 20 g，开水 40 kg，食用苏打 0.45 kg，全部拌匀即可使用。如果不用烧碱，则开水用 37.5 kg。烧碱使烤出的月饼发红，在调配时可加红茶水。

(3) 面粉　选用中筋面粉，并过筛。

2. 馅料的制作

与混糖月饼馅料制作相同。

3. 面团调制

首先把油、糖浆、枧水放到搅拌机中搅拌均匀，然后逐步加入面粉，调制到面团软硬适度，皮面光洁为止。

4. 分块称量

按照生产月饼的标准，将皮、馅进行分块称量。馅料含量要在80%以上，皮料要求加上10%～12%的水分散失系数。

5. 包馅

把饼皮搓圆，压成中间稍厚、边上稍薄的圆形，然后包馅，收口处因包起来后显得稍厚，如果质量超过了要求的质量，可在收口处去掉些。包好后将收口朝下，逐个放在操作台上，稍撒些干粉。

6. 成形

传统成形印模由枣木等硬木精雕而成，用前先用油浸10天，取出擦干。使用时，可往印模中撒些面粉，将包好的月饼面团放在印模中，封口朝上，用手掌压实，然后用手敲出后，摆入烤盘。摆放要整齐均匀，应注意每个月饼之间的距离，以免烘烤时月饼吃火不均。

7. 刷蛋液

将蛋液搅拌均匀后，用毛刷轻轻地在已成形的月饼表面刷一层蛋液，动作要轻柔，避免把已经成形的月饼花纹破坏。

8. 烘烤

将刷完蛋液的月饼送进烤炉进行烘烤。炉温控制在200～250 ℃，烘烤时间15 min。广式月饼成熟的特征是表面棕黄色，腰部乳黄色，稍向外凸出（俗称开腰）。

9. 冷却

烘烤完成后出炉冷却。

（三）感官指标

广式月饼感官指标见表3-12。

表 3-12　广式月饼感官指标

项目		要求
形态		外形饱满，轮廓分明，花纹清晰，不坍塌、无跑糖及和露馅现象。
色泽		具有该品种应有的色泽
组织	蓉沙类	饼皮厚薄均匀，馅料细腻无僵粒，无夹生
	果仁类	饼皮厚薄均匀，果仁颗粒大小适宜，拌和均匀，无夹生
	水果类	饼皮厚薄均匀，馅心有该品种应有的色泽，拌和均匀，无夹生
	蔬菜类	饼皮厚薄均匀，馅心有该品种应有的色泽，拌和均匀，无夹生
	肉与肉制品类	饼皮厚薄均匀，肉与肉制品大小适中，拌和均匀，无夹生
	水产制品类	饼皮厚薄均匀，水产制品大小适中，拌和均匀，无夹生
	蛋黄类	饼皮厚薄均匀，蛋黄居中，无夹生
	冰皮类	饼皮厚薄均匀，皮馅无脱壳现象，馅芯细腻无僵粒，无夹生
	水晶皮类	饼皮厚薄均匀，皮馅无脱壳现象，无夹生
	奶酥皮类	饼皮厚薄均匀，皮馅无脱壳现象，无夹生
滋味与口感		饼皮松酥，具有该品种应有的口味，无异味
杂质		正常视力无可见杂质

（1）理化指标（表 3-13）

表 3-13　广式月饼理化指标

项目		指标						
		果仁类	蓉沙类	果蔬类	肉与肉制品类	水产制品类	蛋黄类	其他类
干燥失重/%	≤	25.0	19.0	25.0	22.0	22.0	23.0	企业自定
蛋白质/%	≥	—	5.5	—	5.5	5.0	—	—
脂肪/%	≤	24.0	28.0	18.0	25.0	24.0	30.0	企业自定
总糖/%	≤	45.0	38.0	46.0	38.0	36.0	42.0	企业自定
馅料含量/%	≤	35						

（2）微生物指标（表 3-14）

表 3-14　广式月饼微生物指标

项目		要求
菌落总数/（CFU/g）	≤	1500
大肠菌群/（MPN/100 g）	≤	30
霉菌计数/（CFU/g）	≤	100
致病菌（沙门菌、志贺菌、金黄色葡萄球菌）		不得检出

（四）常见质量问题及解决方法

1. 月饼不回软、不回油

原因：糖浆转化度不够；糖浆水分太少；煮糖浆时炉火过猛；糖浆返砂；柠檬酸过多；馅料掺粉过多；馅料油太少；糖浆、油和枧水比例不当；面粉筋度太高等。

解决方法：

（1）转化糖浆的质量　糖浆的质量关键在其转化度和浓度。转化度越高，饼皮回油越好。浓度是指含糖量，常用的转化糖浆浓度在75%左右即可，因含糖量越高，回油越好，故某些厂家把浓度提高到85%以上。

（2）饼皮的配方及制作工艺　月饼皮的配方和制作工艺对其是否回油起着重要的作用。如果月饼不回油，极有可能是用料配方的问题。应按面粉为100%、糖浆75%、油25%的配方来调制饼皮，如果按这一比例生产月饼，饼皮仍不回油，那就是转化糖浆质量差（高品质的糖浆，月饼烤熟第二天就回软）。

2. 烤制后月饼皮颜色过深，甚至焦煳

烤制后月饼皮颜色过深甚至焦煳的原因及解决方法如下：

（1）表皮刷蛋液过多，蛋液刷不匀、过稠。应先将鸡蛋液加入等量的蛋白搅拌均匀，稠度适当。一般情况下刷两遍蛋液，第一遍刷完后几分钟再轻轻刷一遍，一定要刷匀，不能刷厚厚一层，以免烘焙时着色过深、过重。

（2）蛋液中加入糖或奶粉过多。有的厂家喜欢在蛋液中加入糖或奶粉以加强月饼表面着色，这在月饼工艺中是允许的。但如果制作广式月饼则不应加入奶粉。因为广式月饼饼皮中加入了一定量的枧水，使饼皮呈碱性。在碱性条件下月饼饼皮特别容易着色，在蛋液中再加入奶粉刷在月饼表面上，无疑是“雪上加霜”，会造成月饼颜色过深、过重，使月饼失去光泽。

（3）搅拌月饼面团时加入酱色或酱油会影响月饼的口感，最好不使用。

（4）月饼面团中加入的小苏打或枧水过量。月饼饼皮中加入小苏打、枧水的重要目的是中和转化糖浆中过多的酸。同时，小苏打和枧水也能起到使饼皮适度膨松、改善口感的作用，但如果加入量过多则会造成着色过深、过重，还会破坏饼皮外观质构，使饼皮产生裂缝漏馅、花纹不清、字迹不清而严重影响月饼质量。因此，小苏打、枧水一定不能过量。

（5）糖浆转化熬制的温度过高。如果温度超过115 ℃，糖浆颜色容易褐变，用这种糖浆制作月饼时，烘烤后饼皮颜色容易变深。因此，熬制转化糖浆时一定要控制蔗糖的转化率和熬制的温度，使用前一定要检验糖浆的转化浓度。

（6）烘烤温度过高。正常烤制广式月饼时，一般入炉后上火大于下火。如果上火过大，烤制时间过长，则也极易造成月饼饼皮颜色过深、过重。

3. 饼皮脱落、皮馅分离

（1）原因　饼皮与馅料不黏结，主要原因有如下两个方面：

①由于馅料中油分太高，或是因馅料炒制方法有误，使馅料泻油，即油未能完全与其他物料充分混合，油脂渗透出馅料，使月饼在包馅时皮与馅不能很好黏结，烤熟后同样是皮与馅分离。

②饼皮配方中油分太高，糖浆不够或太稀，饼皮搅拌过度，也会引起饼皮泻油。泻油的饼皮同样也会使饼皮与馅料脱离。

另外，炉温过高、皮馅软硬不一（最主要是皮太硬）、操作时撒粉过多等也是重要原因。

（2）解决方法　主要方法就是防止泻油现象的出现。如果是馅料常泻油，可以在馅料中加入3%～5%的糕粉，将馅料与糕粉搅拌均匀。若是皮料泻油，可以在配方中减少油脂用量，增加糖浆的用量。搅拌饼皮时应按正常的加料顺序和搅拌程度，这是防止饼皮泻油的关键。

4. 月饼收腰、凹陷、凸起、变形、花纹不清

（1）原因

①面粉筋力过大，面团韧性太强。应使用低筋粉或中筋粉。如果使用了高筋粉，则会造成面团内部形成面筋，造成弹性过强，使月饼在烘烤过程中面筋受热膨胀，出炉后冷却收缩，造成月饼变形，表面花纹图案模糊，不清晰，质量下降。

②转化糖浆浓度过低。糖浆较稀、水分含量较高，调制面团时易形成面筋，增强面团弹韧性，使月饼制品坚硬，收缩变形。糖浆浓度是决定面团软硬度和加工工艺性能的重要因素。

（2）解决方法

①面粉的筋力。在糖浆面团中主要靠糖的反水化性质来限制面筋蛋白质的吸水和胀润，防止面团形成过多的面筋。

②适宜的温度（30～40 ℃）可促进面筋大量形成。气温、室温、原辅料的温度都直接影响着糖浆、面团加工工艺性能，其中气温的变化是主要因素。

③糖浆面团中含有一定量的油脂。油脂既限制面筋蛋白质吸水、胀润，又与糖浆作用。糖浆具有很大的黏性，可以使油脂在面团中保持稳定，避免发生“走油”等质量问题。因此，调制糖浆面团时如果配方中用油量增加，糖浆的浓度也应增大，即糖浆浓度与油脂用量成正比。

5. 月饼底部产生焦煳、有黑色斑点

原因及解决方法如下：

（1）下火烘烤温度过高　正确的烘烤工艺为：饼坯入炉后，上火大（210～250 ℃），下火（180～200 ℃），达到炉温后，饼坯入炉，目的是使月饼定型，防止变形和底部焦煳。烤至月饼皮呈金黄色时（一般 3～5 min），将整盘月饼取出。先薄薄地刷一次蛋液，再薄薄地刷第二次蛋液，一定要刷均匀，这道工序对广式月饼的饼皮着色和光泽非常重要。再次入炉烘烤 8～12 min，烤至饼皮呈均匀的枣红色为止。

（2）皮馅比例不适当，馅料包入过多，造成饼坯底皮过薄、破皮、露馅、漏糖、渗油，产生焦化现象。皮馅比例 3∶7 比较合适。

（3）烤盘不干净，前次加工使用的烤盘内污物未清理。每次在饼坯装盘前应严格清除掉盘内的污物。

6. 月饼漏馅、表面开裂

（1）包馅时剂口封闭不紧，应封严剂口。

（2）馅料质量差，配比不合理，烘焙时造成“胀馅”、破皮，应严格控制料的质量。

（3）饼皮中加入了过量的疏松剂、枧水、小苏打等。每批枧水使用前应先小批量试验，确认取得理想的月饼色泽后，再大批量投入使用。

（4）馅料中使用了较多的膨胀原料，如椰蓉、大豆蛋白、面包废渣等。

7. 饼皮没有黏性、不易成形

原因及解决方法如下：

（1）饼皮配方不合理、油脂过多或糖浆不足，都会引起饼皮脆、没有黏性。要解决这个问题就是增加糖浆用量，相对减少油脂用量，以增加饼皮黏度。正常的广式月饼糖浆用量都高达 80%以上。

（2）拌饼皮的加料顺序和搅拌时间也影响饼皮的脆性。在饼皮搅拌时，通常是糖浆与水搅拌均匀，然后加入油脂，再搅拌均匀，接着加入 2/3 的面粉，充分搅拌均匀，停放 20 min 左右后再加入剩下的面粉。稍加搅拌即可。广式月饼的搅拌通常分两次拌入面粉。

8. 发霉

（1）原因　月饼馅料原材料不足，包括糖和油；月饼皮的糖浆或油量不足；月饼烘烤时间不足；制作月饼时卫生条件不合格；月饼没有完全冷却就马上包装；包装材料不卫生等。

（2）解决方法

①最好等月饼彻底冷却后才进行包装，如果月饼温度高就进行包装，包装膜内就会产生水汽，几天后月饼就会发霉。

②使用放有保鲜剂的包装，使氧气不与月饼接触，从而保证月饼不发霉。

9. 月饼表面光泽度不理想

原因及解决方法如下：

月饼表面的光泽度与饼皮的配方、搅拌工艺、打饼技术及烘烤过程有关。配方是指糖浆与油脂的用量比例是否协调、面粉的面筋及面筋质量是否优良。搅拌过度将影响表面的光泽，打面时不能使用或尽可能少用干面粉。最影响月饼皮光泽度的是烘烤过程。月饼入炉前喷水是保证月饼有光泽的第一关；其次，蛋液的配方及刷蛋液的过程也相当重要，蛋液的配方最好用 2 只蛋黄和 1 只全蛋，打散后过滤去不分散的蛋白，放 20 min 才能使用。刷蛋液时要均匀并多次涂刷，要有一定的厚度。

10. 月饼着色不佳

原因及解决方法如下：

广式月饼的颜色，主要由两部分构成：其一是糖浆的颜色。糖浆太稀，月饼烧烤时不容易上色；糖浆转化率过高，又会导致月饼颜色过深。糖浆的颜色与糖浆的煮制时间、煮制时火的大小及使用的糖浆设备有关。其二是饼皮颜色与调节饼皮时加入的枧水浓度和用量有关，当饼皮的酸碱度偏酸性时，饼皮着色困难；当枧水的用量增加，饼皮碱性增大，饼皮着色就会加快。枧水越多，饼皮颜色越深，减少枧水的用量，就可以使饼皮的颜色变浅。减少烧烤时间和相对降低炉温，也可减轻饼皮的颜色，但一定要保证月饼完全烤熟，否则月饼易发霉。

11. 糖浆返砂

（1）原因　引起糖浆返砂的原因有：煮糖浆时水少，没有添加柠檬酸或柠檬酸过少；煮糖浆时炉火太猛；在煮制糖浆时，搅拌不恰当等。

（2）解决方法

①在煮沸之前可以顺着一个方向搅动，当水开之后则不能再搅动，否则易出现糖粒。

②煮好后的糖浆最好让其自然放凉。不要多次移动，因为经常移动容易引起糖浆返砂。

③煮糖浆时加入适当的麦芽糖。

12. 泻脚

（1）原因　馅料水分太多；饼皮太厚或太软；烘烤炉温太低；面粉筋度过高；糖浆太浓或太多等。

（2）解决方法

①生坯成形后放置时间不宜过长；

②馅的配方要合理，如糕粉、面粉和糖的比例；

③合理控制水分含量、糖浆的浓度和烘烤温度。

13. 饼面有气泡麻点

（1）原因　刷蛋液过多，刷得不匀。

（2）解决方法　用刷子蘸取少量蛋液涂面，用力均匀。

14. 月饼腰部爆裂

（1）原因　炉温低，烘烤时间过长。

（2）解决方法　掌握适当的炉温，软货（蓉沙类、果酱类等）炉温要比硬货（果仁类、禽肉类等）的高 10 ℃左右。月饼腰部稍向外凸即可取出。

【业务经验】

1. 广式月饼烘烤前刷清水的原因

糖浆皮月饼在进炉前需刷清水，其目的是希望饼皮有一层水膜，使其糖焦化，上色速度放慢，饼皮颜色呈金黄色。如果不刷清水，饼皮的焦化会加快，饼皮颜色不艳，没有光泽。刷水或喷水不能过多，饼皮若水膜过厚将影响饼皮花纹的明晰度。

2. 广式月饼烘烤后，出现饼皮与馅料分离现象的原因与解决方法

饼皮与馅料不黏结，主要原因有两个方面：一是由于馅料中油分太高，或是因馅料炒制方法有误，使馅料泻油，即油未能完全与其他物料充分混合，油脂渗透出馅料。这种情况会引起月饼包馅时皮与馅不能很好黏结，烤熟后同样是皮与馅分离。如果馅料泻油特别严重，月饼烤熟后存放时间越长，饼皮脱离也就越严重。二是饼皮配方中油脂含量太高，搅拌饼皮后，饼皮泻油。饼皮搅拌过度，也会引起饼皮泻油。泻油的饼皮同样也会使饼皮与馅料脱离。

要解决脱皮问题，关键在于防止泻油现象的出现。如果是馅料泻油，可以在馅料中加入 3%～5%的糕粉，将馅料与糕粉搅拌均匀。若是皮料泻油，可以在配方中减少油脂用量，增加糖浆的用量。搅拌饼皮时应按正常的加料顺序和搅拌程度操作。

【生产案例】

制作五仁月饼

1. 生产任务描述

（1）生产任务　制作 50 个五仁月饼，每个月饼重量为 100 g。

（2）配方　见表 3-15 和表 3-16。

表 3-15　五仁月饼皮料配方表

原辅料名称	烘焙百分比/%	用量/g
中筋面粉	100	1 000
糖浆	75	750
花生油	25	250
奶粉	5	50
改良剂	0.2	2
枧水	1	10
保鲜剂	0.05	0.5

表 3-16　五仁月饼馅料配方表　　g

原料名称	质量	原料名称	质量
核桃仁	400	瓜子仁	600
腰果	400	芝麻	400
糖冬瓜	400	白砂糖	800
玫瑰糖	100	金橘丁	200
水	800	高度白酒	100
花生油	300	熟糕粉	1 150
肥糖肉	1 000	杏仁	600
包料改良剂	适量	糕点莲蓉保鲜剂	适量
果仁抗氧化剂	适量		

2. 主要设备与用具

和面机、烤炉、模具、电子秤、面筛、蛋刷、烤盘等。

3. 工艺流程（图 3-19）

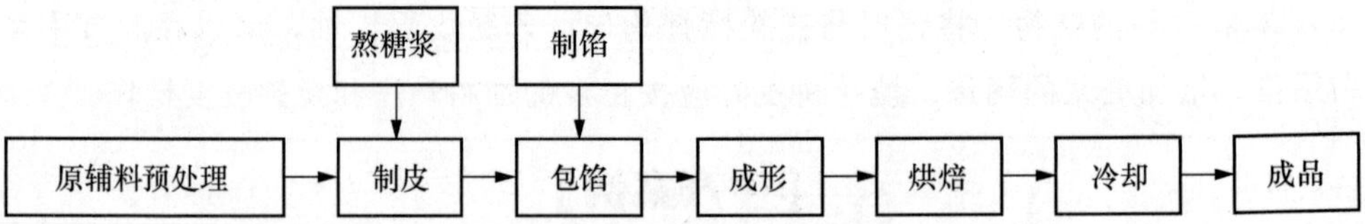

图 3-19　月饼制作工艺流程

4. 操作规程

（1）原辅料预处理　按配方标准计量，将面粉过筛备用。预先将果仁料进行挑拣，把果仁中已变色、变坏的和杂质（包括沙、泥）挑拣出来；用清水清洗干净，晾干水分；把果仁料用 150 ℃温火烘烤至浅金黄色，芝麻还要烘烤至金黄色，杏仁不需要烘烤；将烘烤好的果仁切成碎粒，喷洒果仁抗氧化剂后备用。糖冬瓜切成边长 0.5 cm 的小丁，橘饼切成碎末备用。冰肉腌制：肥肉切成小丁，约 1 cm×1 cm，肥肉和糖比例为 1∶1，至少腌制 0.5 天以上，并加入果仁、抗氧化剂。

（2）制皮成形

①制皮　将糖浆放入盆中，先加入枧水，用打蛋器搅拌均匀，再慢慢加入花生油（最好分三次以上加入，这样有利于糖浆与花生油充分融合），一边加一边用打蛋器搅拌，使之成均匀的糊状（在搅拌时一定要朝同一个方向搅，不然糖浆很容易会散掉），再将保鲜剂、改良剂分别加入，边加边用打蛋器搅拌至均匀，最后将过筛后的面粉和奶粉加入，搅拌均匀后用保鲜膜盖上，静置 30 min 待用。将静置好的面团在操作台上

搓成直径为 1～1.5 cm 的均匀长条，分块搓圆后整齐地排放于烤盘中。每块 32 g。

②制馅　把所有准备好的干果、橘饼、糖冬瓜全部放入盆中混合均匀，然后依次加入细砂糖、玫瑰糖、白酒、花生油和水，搅拌均匀，最后加入熟糕粉稍搅拌均匀，用手揉成软硬适中的馅团。分成 80 g 每块。

③包馅　分好的皮用左手手指按压，使皮厚薄均匀、大小与馅直径相当，将压好的皮放于左手心，右手拿起一个馅料，将皮均匀地包裹于馅料表面，收口向下放于烤盘中。

④成形　在月饼模具中均匀地打上一层手粉，左手拿起一个包好的月饼，搓上一薄层面粉，收口向上放入模具中，左手在下、右手在上将月饼按压成形；左手拿空模具，右手拿月饼成形模具将月饼压出模摆盘。

(3) 烘烤

①第一次烘烤　等烤箱温度升高到面火 230 ℃、下火 170 ℃时，快速地打开炉门，将月饼放入。

②刷蛋液　当月饼经第一次烘烤出炉后，表面温度已降至 60 ℃时（用手背摸不很烫），开始刷蛋液。左手拿蛋液碗，右手拿蛋液刷，蛋液刷 1/3 的刷毛浸入蛋液中，提起在碗中间的铁丝上左右刮，让多出的蛋液掉入碗中，在刷离碗时在碗边缘上轻轻带过，再次将毛刷上的蛋液含量减少；蛋液刷呈 45°角，以蛋液刷的毛尖接触月饼表面花纹，刷过去，再拖回来，反复刷。直到月饼花纹表面明显浮出一层蛋液。

③第二次烘烤　蛋液刷好后，迅速进炉第二次烘烤，当月饼上色到一半时，迅速将月饼调头，到颜色合适时出炉。

(4) 包装

①装托　当月饼的温度降至 60 ℃以下时，将月饼装入塑托中，装好卷膜和脱氧剂，调试好包装机。

②包装　开动包装机，将月饼放入机器进行独立包装，对包装好的月饼进行气密性检测，将漏气的月饼作为不合格品处理。

③入库　将包装好的月饼点数后，运入成品库进行入库。

【工作任务实施记录与评价】

1. 制定广式月饼生产工作计划

师傅指导记录	广式月饼生产计划质量评价	评价成绩
		年　月　日

2. 设备、用具、材料等使用记录

日期	设备	工器具	制皮原料	制馅材料
检查质量评价				评价成绩
				时间

3. 月饼烘烤记录

日期/组别	工艺要求					
	刷蛋液	上火____℃	下火 ____℃	颜色	烘烤时间/min	记录人

4. 产品质量评价与分析

日期：　　　　　　　　　　　　　　　　　　　　组别：

评价项目	形态	色泽	组织	滋味与口感	杂质
评价描述					
常见质量问题、原因及解决方法	常见质量问题： 原因及解决办法：				

5. 学徒关键职业能力及职业品质、工匠精神评价

项目	A	B	C	D
工作态度				
吃苦耐劳				
团队协作				
诚实守信				
精益求精				
沟通交流				
学习钻研				
认真负责				

6. 学徒的考核

项目	85分以上	70～85分	60～70分	不合格	权重
工作态度和考勤					50%
广式月饼制作过程					10%
生产日志完成情况					5%
生产现场的清理					5%
生产工器具、设备的使用与保养					5%
与其他生产技术人员的交流与合作					5%
与品控、质检部的交流					5%
学徒手册					10%
生产材料、生产成本节约					5%
总评					

任务 5.2 京式月饼生产

京式月饼历史悠久，起源于华北农村和内蒙古地区，形成于北京。其外形精细美观，表面多有纹印，富有传统民族色彩。京式月饼最有名的是提浆月饼、自来红月饼、自来白月饼。

【任务目标与质量要求】

1. 根据生产计划单，能够主动获取信息，树立良好的安全文明操作意识。

2. 执行京式月饼的操作规程，准备京式月饼的生产原辅料，调试生产设备，调制京式月饼的面团、馅料，按照生产流程进行京式月饼的成形、烘烤、冷却等，对工作过程进行总结与反思，与他人进行有效沟通，团结协作。能及时发现京式月饼制作中的问题并提出处理方法，达到生产技术岗位任职要求。

【学习产出目标】

1. 掌握京式月饼（提浆、自来白、翻毛、大酥皮）加工原理和生产工艺；
2. 能选择京式月饼（提浆、自来白、翻毛、大酥皮）生产原辅料；
3. 会熬制糖浆；
4. 会调制京式月饼（提浆、自来白、翻毛、大酥皮）的面团；

5. 会调制月饼馅料；

6. 掌握京式月饼（提浆、自来白、翻毛、大酥皮）的质量要求；

7. 能够处理京式月饼（提浆、自来白、翻毛、大酥皮）加工中出现的问题；

8. 能够主动获取信息，展示学习成果，对工作过程进行总结与反思，与他人进行有效沟通，团结协作。

【工作程序与方法要求】

序号	工作程序	操作步骤	注意事项
1	准备工作	做好卫生清洁、工具准备； 检查设备。	能发现并解决卫生问题； 检查设备确保设备的正常运行。
2	原辅料准备	1. 准备糖浆； 2. 面粉过筛； 3. 准备油脂。	熬制的糖浆需要贮存一段时间，使蔗糖进一步转化，确保月饼的回油、回软速度。
3	面团调制	将糖浆、油脂等混合，中速搅拌均匀，形成乳状液；加入 2/3 面粉，搅匀后静置 20 min 后再加入剩余的 1/3 面粉。面团调制好后，一般要静置 30～40 min。	为了防止面粉起筋，不宜过早加入面粉； 通过静置环节，使面团的张力松弛，降低面团的弹性、黏度，改善其加工性能。
4	包馅与成型	手工包馅成型：一般皮：馅＝2：8 或 3：7，要求饼皮厚薄均匀，无内馅外露。取分摘好的皮料，用手掌揿扁，放馅，收口。把捏好的月饼生坯，收口朝上放入特制的印模内，用手掌向下按扁，不使饼皮露边或溢出模口。台上稍撒干粉，以防成型时粘印模，然后敲脱印模，逐个置于烤盘内。	皮馅比例要控制精准；操作要熟练、干净。
		成型机成型：面皮通过压面轮与擀薄装置擀薄，经过最后一道主机压面轮，面皮会落在主机输送带上，通过加馅部件加馅，再经由卷轮及辅助卷轮将面皮卷成条状；开启分离式捏花成型机，并设定其切断长度以决定产品的长度尺寸及重量大小。	1. 开机前应检查机器的清洁卫生状况及各运转部位是否灵活可靠； 2. 生产前根据不同产品生产工艺的要求，调节成型机升降高度及成型时间的长短，待调整参数达到工艺要求后，方可进行生产； 3. 月饼成型机在运行中若出现异常，应立即切断电源，待故障排除后重新启动； 4. 在运行中若出现异常现象，应立即切断总电源，待故障排除后，方可进行再生产。

续表

序号	工作程序	操作步骤	注意事项
5	烘烤	在进炉前需在表皮刷清水，使饼皮表面形成一层水膜。以面火 180～230 ℃，下火 180～200 ℃烘烤 3～5 min，使月饼定型，待表面呈金黄色时取出，再薄薄地刷一层蛋液，一定要均匀。	烘烤前表面刷水；烘烤过程中刷蛋液。感官判断月饼是否烤熟：看月饼的底面中心部位有无湿面状，或采用测温仪测月饼中心温度，在 85 ℃以上基本烤熟。
6	冷却与包装	月饼出炉后冷却至 50～60 ℃即可包装。应选择可降解或易回收，并符合安全、卫生、环保要求的包装材料。	冷却环节不可少。

子任务1　制作提浆月饼

【工作与学习目标】

1. 掌握京式提浆月饼加工原理和生产工艺；
2. 能选择京式提浆月饼生产原辅料；
3. 会熬制糖浆；
4. 会调制京式提浆月饼的面团；
5. 会调制提浆月饼馅料；
6. 掌握京式提浆月饼质量要求；
7. 能够处理提浆月饼加工中出现的问题；
8. 能够主动获取信息，展示学习成果，对工作过程进行总结与反思，与他人进行有效沟通，团结协作。

【业务知识】

一、 提浆月饼加工原理

提浆月饼是把白砂糖制成糖浆，用糖浆和面。一方面利用糖浆的反水化作用限制面筋的吸水，增加面团的可塑性，降低面团的弹性；另一方面利用糖浆的吸水性，使制作的成品在存放过程中，吸水返软，保持月饼的品质。糖浆是用蔗糖熬煮而成的，蔗糖与酸在共热的作用，水解生成葡萄糖与果糖的等量混合物称为转化糖，熬煮过程所发生的化学变化称为转化作用。转化糖吸湿性强，提浆月饼使用转化糖就是利用吸湿性这一特性，使饼皮柔软油润。蔗糖经水解产生转化糖的反应式如下：

$$C_{12}H_{22}O_{11}+H_2O \xrightarrow[\text{加热}]{\text{柠檬酸}} C_6H_{12}O_6\text{（葡萄糖）}+C_6H_{12}O_6\text{（果糖）}$$

二、 提浆月饼生产工艺流程

如图 3-20 所示。

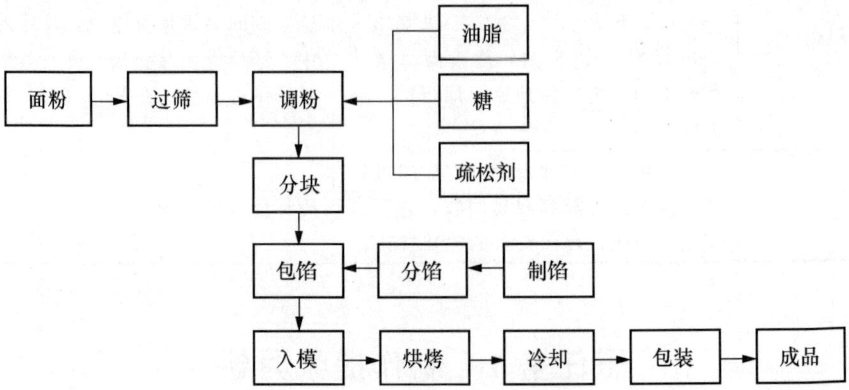

图 3-20 提浆月饼生产工艺流程

三、 生产工艺要点

1. 原料处理

①面粉　选用中筋粉，并过筛。

②糖　选用砂糖，制成糖浆。

③糖浆的制作　糖和水的比例为 1∶（0.3～0.5），实际上 70%的糖浆浓度较为适用，在糖浆温度达到 104 ℃时加入 1.4%的柠檬酸，温度加热到 105 ℃，维持 5～10 min，进行转化，然后冷却，冷却速度越快，颜色越浅，味道越好。

（2）馅料的制作　与混糖月饼馅料制作相同。

（3）面团调制　首先把油、糖浆、疏松剂等辅料放到搅拌机中乳化均匀，然后加入面粉，搅拌均匀。

（4）分块称量　按照生产月饼的标准，将皮、馅进行分块称量。馅料含量要在 35%以上，皮料要求加上 10%～12%的水分散失系数（一般皮 50 g、馅 80 g）。

（5）包馅　多采用手工包制，将分块的月饼皮料进行包馅，包的过程中动作要轻柔，不能露馅，也不能包进气体，防止在烘烤过程中表面出现裂纹。

（6）制模　将包好的月饼面团放在月饼模中成形，要求月饼棱角分明，花纹清晰，饱满无缺，然后摆入烤盘内。摆放要整齐均匀，以免烘烤时月饼吃火不均。

（7）刷蛋液　将蛋液搅拌均匀后，用毛刷轻轻地在已成形的月饼表面刷一层蛋液，动作要轻柔，避免把已经成形的月饼花纹破坏。

（8）烘烤　将刷完蛋液的月饼送进烤炉进行烘烤。炉温控制在 200～220 ℃，烘烤时间 10～12 min。

(9) 冷却　烘烤完成后出炉冷却。

2. 质量标准

(1) 感官指标　提浆月饼感官指标见表3-16。

表3-16　提浆月饼感官指标

项目		要求
形态		块形整齐，花纹清晰，无破裂、漏馅、凹缩、塌斜现象。不崩顶，不拔腰，不凹底
色泽		表面光润，饼面花纹呈麦黄色，腰部呈乳黄色，饼底部呈金黄色，不青墙，无污染
组织	果仁类	饼皮细密，皮馅厚薄均匀，果料分布均匀，无大空隙，无夹生
	蓉沙类	饼皮细密，皮馅厚薄均匀，皮馅无脱壳现象，无夹生
滋味与口感	果仁类	饼皮松酥，有该品种应有的口味，无异味
	蓉沙类	饼皮松酥，有该品种应有的口味，无异味
杂质		正常视力无可见杂质

(2) 理化指标(表3-17)

表3-17　提浆月饼理化指标

项目		指标	
		果仁类	蓉沙类
干燥失重/%	≤	17.0	17.0
脂肪/%	≤	25.0	25.0
总糖/%	≤	40.0	40.0
馅料含量/%	≤	35	

(3) 微生物指标(表3-18)

表3-18　提浆月饼微生物指标

项目		要求
菌落总数/(CFU/g)	≤	1 500
大肠菌群/(MPN/100 g)	≤	30
霉菌计数/(CFU/g)	≤	100
致病菌(沙门菌、志贺菌、金黄色葡萄球菌)		不得检出

3. 常见质量问题及解决方法

(1) 月饼硬且不返软

原因及解决方法：由于提浆月饼容易上色，如果烘烤温度过低，时间过长，月饼水分流失过多，生产出的月饼硬且不返软；应适当提高炉温，控制月饼水分含量。

（2）月饼摊片

原因及解决方法：烘烤温度面火过低，馅料水分过大；应适当提高上火温度，降低馅料水分含量。

（3）保质期短

原因及解决方法：月饼没烤熟，出炉时月饼馅心温度要在 85 ℃以上；此外，要冷却至室温再包装。

（4）月饼表面有小裂纹

原因及解决方法：月饼糖浆浓度过高造成的；应适当降低糖浆浓度。

（5）月饼表面有大裂纹

原因及解决方法：疏松剂用量过多，炉温过高或馅料过软；适当减少疏松剂用量，月饼表面扎小孔，降低炉温，调整馅料的软硬度。

（6）月饼馅串糖

原因及解决方法：馅料过软或含糖量过高；适当调整馅料的软硬度，降低饼皮和馅料中的含糖比例，月饼的总糖量不能超过 40%。

（7）月饼的边墙凹陷，呈青白色（俗称青墙）

原因及解决方法：炉温过高，月饼间距小造成的；适当降低炉温，调整月饼间的距离。

（8）饼面花纹不清

原因及解决方法：配方中转化糖浆、油的比例偏高，控制转化糖浆的量按面粉计占配方 70%～80%，油脂含量按面粉计占配方的 20%～30%。

【业务经验】

1. 面团调制

——在面团调制过程中，最后加入的小麦粉要逐渐加入，以免面团过硬。调制初期加入的小麦粉不可过多，以免因调制面团的时间过长而使面团发热，使其过早发硬。

2. 提浆月饼成熟的标志

——色泽一致，规格均一，花纹清晰，入口酥香，侧面发青、膨胀、有细裂纹。制品成熟后，如果表面花纹发而不清晰，可减少小苏打用量，反之可增加小苏打用量。

【生产案例】

制作百果月饼

1. 生产任务描述

（1）生产任务　制作 50 个百果月饼，每个月饼重量为 100 g。

（2）配方　配方见表 3-19 和表 3-20。

表 3-19 百果月饼皮料配方表

原辅料名称	质量/g	烘焙百分比/%
高筋面粉	37 000	100
香油	9 000	24.3
饴糖	6 000	16.2
白糖	1 000	2.7
水	3 000	

表 3-20 百果月饼馅料配方表 g

原料名称	质量	原料名称	质量
熟面	2 800	熟油	1600
白糖	2 400	芝麻	400
核桃仁	200	葡萄干	400
青梅	400	金橘丁	400
双丝	400		

2. 主要设备与用具

和面机、烤炉、模具、电子秤、面筛、蛋刷、烤盘等。

3. 工艺流程（图 3-21）

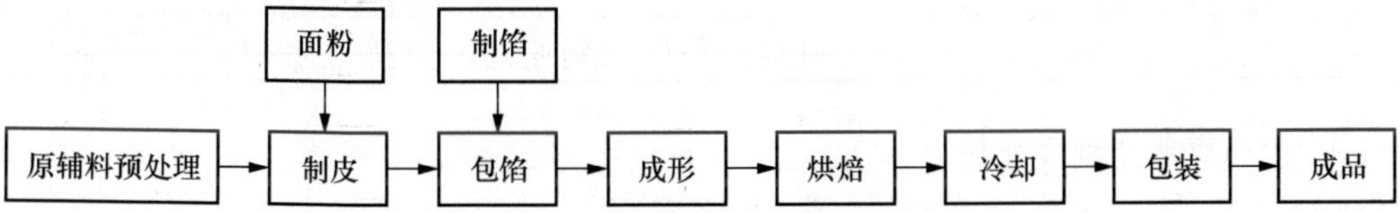

图 3-21 百果月饼制作工艺流程

4. 操作规程

（1）配料　原料配齐，分量准确，将面粉过筛备用。

（2）熬浆、和皮　把皮料用的白糖放入 3～4 kg 水中煮沸，直到看不见糖粒为止，再加入麦芽糖搅拌均匀，待冷却后和面粉、香油同时搅拌，直至稍微有面劲，即得软硬适宜的皮面团，将皮料分为 50 g 大小，搓圆备用。

（3）和馅　将糖、油及各种辅料搅拌均匀后，加入面粉继续搅拌，即可成馅，分成 80 g 搓圆。

（4）包制、成形　取一个饼皮面团，用手掌压扁，放 1 个馅料在饼皮上，用饼皮把馅料包起来，并慢慢往上推，直到完全收口。把包好的面团放进刷过油的月饼模里，用手掌压实，用手压月饼模子，依次脱模放到烤盘上，表面刷一层蛋液。

（5）烤制　烤制炉温需 240 ℃，烤制 9～10 min，便可出成品。

（6）冷却、包装　将烤好的月饼自然冷却，按计量标准装入包装袋内。

【工作任务实施记录与评价】

1. 制定提浆月饼生产工作计划

师傅指导记录	提浆月饼生产计划质量评价	评价成绩
		年　月　日

2. 设备、用具、材料等使用记录

日期	设备	工器具	制皮原料	制馅材料
检查质量评价				评价成绩
				时间

3. 月饼烘烤记录

日期/组别	工艺要求					
	刷蛋液	上火____℃	下火____℃	颜色	烘烤时间/min	记录人

4. 产品质量评价与分析

日期：　　　　　　　　　　　　　　　　　　　　　　组别：

评价项目	形态	色泽	组织	滋味与口感	杂质
评价描述					
常见质量问题、原因及解决方法	常见质量问题： 原因及解决办法：				

子任务 2　制作自来白月饼

【工作与学习目标】

1. 掌握自来白月饼加工原理和生产工艺；
2. 能选择自来白月饼生产原辅料；
3. 会调制自来白月饼的面团；
4. 会调制自来白月饼馅料；
5. 掌握自来白月饼的质量要求；
6. 能够处理自来白月饼加工中出现的问题；
7. 能够主动获取信息，展示学习成果，对工作过程进行总结与反思，与他人进行有效沟通，团结协作。

【业务知识】

1. 自来白月饼

以小麦粉、绵白糖、猪油或食用植物油等制成饼皮，冰糖、核桃仁、瓜子仁、桂花、青梅或山楂糕、青红丝等制馅，经包馅、成型、打戳、焙烤等工艺制成的饼皮酥松、馅料绵软的月饼。

2. 自来白月饼生产工艺流程

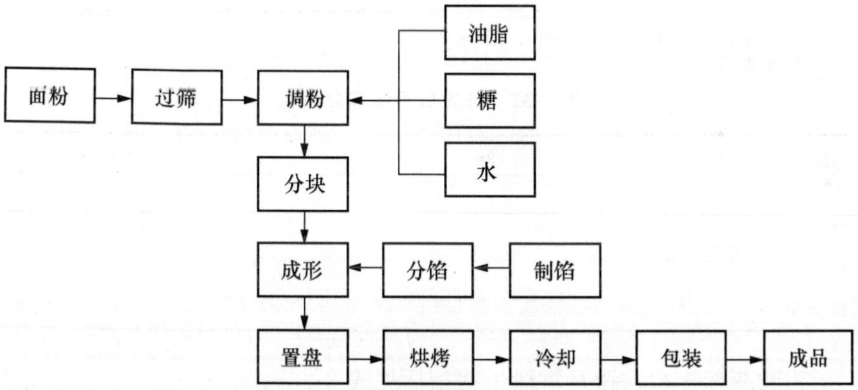

图 3-22　自来白月饼生产工艺流程图

3. 操作要点

（1）原辅预料处理　按配方标准计量，将面粉过筛备用。

（2）面团调制　在和面机内加入白砂糖，冲入开水使其溶化，再将猪油投入，在和面机中充分快速地搅拌，使其乳化。油、水混合液在 40 ℃左右时放入碳酸氢铵，溶化后加入面粉搅拌均匀，调成软硬适中略带油性的面团。分成每块 40 g 的小剂。

（3）制馅　在和面机中按顺序加入糖粉、猪油，搅拌均匀后投入熟面粉，再拌匀后加入其他切碎的果料，继续搅拌均匀，至软硬适宜。分成每块 30 g 的小剂。

（4）成形　取一块小面皮擀成长方形，从两端向中间折叠成三层，再擀长后，从一端卷起，将小卷静置一会儿按压成扁圆形，静置一会儿，用擀面杖擀成中间厚的薄饼，静置后取小馅包入，收口朝下，制成馒头状圆形。底面垫一小方纸，表面打戳记（除白糖馅芯外的月饼，均需打戳记标明），用细针扎一气孔，找好距离，码入烤盘，准备烘烤。

（5）烘烤　调好炉温（180 ℃左右），将摆好生坯的烤盘送入炉内，烘烤 16 min 后熟透取出。

（6）冷却　烘烤完成后出炉冷却。

4. 质量标准

（1）感官指标　自来白月饼感官指标见表 3-21。

表 3-21　自来白月饼感官指标

项目	要求
形态	圆形鼓状，块形整齐，不拔腰，不青墙，不漏馅
色泽	表面呈乳白色，底呈麦黄色
组织	皮松软，皮馅比例均匀，不空腔，不偏皮
滋味与口感	松软，有该品种应有的口味，无异味
杂质	正常视力无可见杂质

（2）理化指标　自来白月饼理化指标见表 3-22。

表 3-22　自来白月饼理化指标

项目		指标
干燥失重/%	≤	17
脂肪/%	≤	25
总糖/%	≤	40
馅料含量/%	≤	35

（3）微生物指标　自来白月饼微生物指标见表 3-23。

表 3-23　自来白月饼微生物指标

项目		要求
菌落总数/（CFU/g）	≤	1 500
大肠菌群/（MPN/100 g）	≤	30
霉菌计数/（CFU/g）	≤	100
致病菌（沙门菌、志贺菌、金黄色葡萄球菌）		不得检出

【生产案例】

制作自来白月饼

1. 生产任务描述

(1) 生产任务　制作 50 个自来白月饼，每个 70 g。

(2) 配方　配方见表 3-24 和表 3-25。

表 3-24　自来白月饼皮料配方表

原辅料名称	质量/g	烘焙百分比/%
高筋面粉	2 000	100
白砂糖	1 500	7.5
猪油	10 000	50
碳酸氢铵	26	0.13
开水（100 ℃）	4 500	22.5

表 3-25　自来白月饼馅料配方表　g

原料名称	质量	原料名称	质量
熟粉	4 000	糖粉	8 000
猪油	4 800	核桃仁	1 000
山楂糕	1 500	冰糖碎	1 000
瓜子仁	250	糖桂花	500
双丝	500		

2. 主要设备与用具

和面机、烤炉、擀面杖、电子秤、面筛、烤盘等。

【工作任务实施记录与评价】

1. 制定自来白月饼生产工作计划

师傅指导记录	自来白月饼生产计划质量评价	评价成绩
		年　月　日

2. 设备、用具、材料等使用记录

日期	设备	工器具	制皮原料	制馅材料
检查质量评价				评价成绩
				时间

3. 月饼烘烤记录

日期/组别	工艺要求					
	刷蛋液	上火____℃	下火____℃	颜色	烘烤时间/min	记录人

4. 产品质量评价与分析

日期：　　　　　　　　　　　　　　　　组别

评价项目	形态	色泽	组织	滋味与口感	杂质
评价描述					
常见质量问题、原因及解决方法	常见质量问题： 原因及解决办法：				

子任务3　制作自来红月饼

【工作与学习目标】

1. 掌握自来红月饼加工原理和生产工艺；
2. 能选择自来红月饼生产原辅料；
3. 会制枧水；
4. 会调制自来红月饼的面团；
5. 会调制自来红月饼馅料；
6. 掌握自来红月饼的质量要求；
7. 能够处理自来红月饼加工中出现的问题；

8. 能够主动获取信息，展示学习成果，对工作过程进行总结与反思，与他人进行有效沟通，团结协作。

【业务知识】

1. 自来红月饼

自来红月饼是以小麦粉、食用植物油、绵白糖、饴糖、小苏打等制成饼皮，熟小麦粉、麻油、瓜子仁、核桃仁、冰糖、桂花、青红丝等制馅，经包馅、成型、打戳、焙烤等工艺制成的饼皮松酥、馅料绵软的月饼。

2. 自来红月饼生产工艺流程（图 3-23）

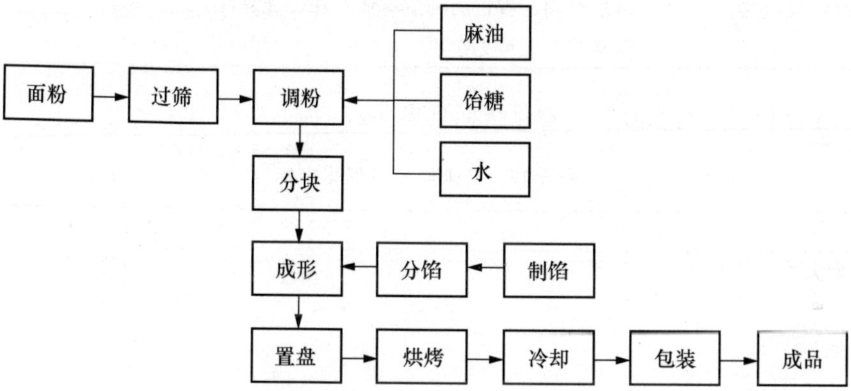

图 3-23 自来红月饼生产工艺流程

3. 生产工艺要点

（1）原辅预料处理　按配方标准计量，将面粉过筛备用。

（2）面团调制　在和面机内加入饴糖，冲入开水使其溶化，再将麻油投入，在和面机中充分快速搅拌使其乳化。油、水混合液在 40 ℃左右时放入碳酸氢铵，溶化后加入面粉搅拌均匀，调成软硬适中略带油性的面团。分成 40 g 的小剂。

（3）制馅　在和面机中按顺序加入糖粉、麻油，搅拌均匀后投入熟面粉，再拌匀后加入其他切碎的果料，继续搅拌均匀，直至软硬适宜。分成每块 30 g 的小剂。

（4）制枧水　纯碱 25 g 加入适量的饴糖、白砂糖、蜂蜜熬制成枣红色浆水，又称磨水，口尝微微发涩。

（5）成形　取一块小面皮擀成长方形，从两端向中间折叠成三层，再擀长后，从一端卷起，将小卷静置一会儿按压成扁圆形，静置一会儿，用擀面杖擀成中间厚的薄饼，静置后取小馅包入，收口朝下，制成馒头状圆形。底面垫一小方纸，表面中间用枧水印一小圈（也可用笔蘸碱水在饼上画个圆圈），用细针扎一气孔，找好距离，码入烤盘，准备烘烤。

（6）烘烤　调好炉温（200～210 ℃），将摆好生坯的烤盘送入炉内，烘烤 9～

10 min。待制品表面烤成棕黄色、底面金黄色后熟透取出。

（7）冷却　烘烤完成后出炉冷却。

4. 质量标准

（1）感官指标　自来红月饼感官指标见表 3-26。

表 3-26 自来红月饼感官指标

项目	要求
形态	圆形鼓状，面印深棕红戳，不青墙，不漏馅，无黑泡，块形整齐
色泽	表面呈深棕黄色，底呈棕褐色，腰部呈麦黄色
组织	皮酥松，馅料利口不黏，无大空洞，不偏皮
滋味与口感	疏松绵润，有该品种应有的口味，无异味
杂质	正常视力无可见杂质

（2）理化指标　自来红月饼理化指标见表 3-27。

表 3-27　自来红月饼理化指标

项目		指标
干燥失重/%	≤	17
脂肪/%	≤	25
总糖/%	≤	40
馅料含量/%	≤	35

（3）微生物指标　自来红月饼微生物指标见表 3-28。

表 3-28　自来红月饼微生物指标

项目		要求
菌落总数/（CFU/g）	≤	1500
大肠菌群/（MPN/100 g）	≤	30
霉菌计数/（CFU/g）	≤	100
致病菌（沙门菌、志贺菌、金黄色葡萄球菌）		不得检出

【生产案例】

制作自来红月饼

1. 生产任务描述

（1）生产任务　制作 50 个自来红月饼，每个 70 g。

（2）配方　配方见表 3-29 和表 3-30。

表 3-29　自来红月饼皮料配方表

原辅料名称	质量/g	烘焙百分比/%
高筋面粉	17 000	100
白砂糖	1 500	8.82
饴糖	1 500	8.82
麻油	7 500	44.11
碳酸氢铵	25	0.15
开水（100℃）	4 000	23.52

表 3-30　自来红月饼馅料配方表

g

原料名称	质量	原料名称	质量
熟标准粉	7 000	糖粉	7 000
麻油	4 500	核桃仁	500
芝麻	500	花生仁	1 000
瓜子仁	500	糖桂花	500
双丝	500	葡萄干	500
青梅	500	橘饼	500

2. 主要设备与用具

和面机、烤炉、擀面杖、电子秤、面筛、烤盘等。

【工作任务实施记录与评价】

1. 制定自来红月饼生产工作计划

师傅指导记录	自来红月饼生产计划质量评价	评价成绩
		年　月　日

2. 设备、用具、材料等使用记录

日期	设备	工器具	制皮原料	制馅材料
检查质量评价				评价成绩
				时间

3. 月饼烘烤记录

日期/组别	工艺要求					
	刷蛋液	上火____℃	下火____℃	颜色	烘烤时间/min	记录人

4. 产品质量评价与分析

日期：　　　　　　　　　　　　　　　　　　　　组别

评价项目	形态	色泽	组织	滋味与口感	杂质
评价描述					
常见质量问题、原因及解决方法	常见质量问题： 原因及解决办法：				

子任务 4　制作翻毛月饼

【工作与学习目标】

1. 掌握翻毛月饼加工原理和生产工艺；
2. 能选择翻毛月饼生产原辅料；
3. 会调制翻毛月饼的水油面团和油酥面团，并会包酥和开酥；
4. 会调制翻毛月饼馅料；
5. 掌握翻毛月饼的质量要求；
6. 能够处理翻毛月饼加工中出现的问题；
7. 能够主动获取信息，展示学习成果，对工作过程进行总结与反思，与他人进行有效沟通，团结协作。

【业务知识】

1. 翻毛月饼

以小麦粉、食用植物油等制成松酥绵软的酥皮，经包馅、成型、打戳、焙烤等工艺制成的皮层次分明，松酥，馅利口不黏的月饼。根据馅料不同可分为果仁类、蓉沙类等。

2. 翻毛月饼生产工艺流程（图 3-24）

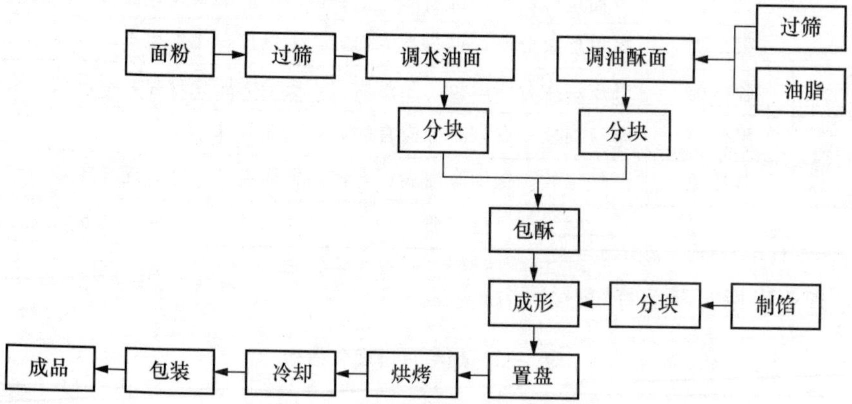

图 3-24　翻毛月饼生产工艺流程

3. 生产工艺要点

（1）原辅预料处理　按配方标准计量，将面粉过筛备用。

（2）制水油皮　油脂、温水（30～50 ℃）投入和面机中，搅拌均匀后加入面粉，混合均匀后用温水浸一两次，调成软硬适宜的筋性面团。分成每块 1.6 kg，醒发片刻，各打 50 个小剂。

（3）制油酥　将面粉与猪油混合揉擦成软硬适宜的油酥面团。分成每块 1.4 kg，各打 50 个小剂。

（4）制馅　白砂糖粉、熟面粉拌和均匀，过筛后置于操作台上围成圈，中间加入切碎的小料以及植物油、麻油和适量的水，搅拌均匀后与拌好糖粉的熟面粉擦匀，软硬适量。分成每块 2.25 kg，各打 50 个小块。

（5）成形　将醒发好的皮面按压成中间厚的扁圆形，把油酥包入中间。破酥后擀成中间厚的扁圆形，取一馅均匀包入，封严剂口，拍成底小、上大的圆饼，表面直径 7 cm，在制品表面的中间轻轻戳一直径为 2 cm 的圆形凹陷，打一红点。找好距离，表面朝下，摆入烤盘，扎一小气孔，准备烘烤。

（6）烘烤　调好炉温 180～200 ℃，下火大于面火。将摆好生坯的烤盘送入炉内烘烤。待制品表面烤成微黄色时，翻身重新入炉烘烤，熟透出炉。

（7）冷却　烘烤完成后出炉冷却、包装。

4. 质量标准

（1）感官指标　翻毛月饼感官指标见表 3-31。

表 3-31　翻毛月饼感官指标

项目		要求
形态		外形圆整，饼面微凸，底部收口居中，不跑糖、不露馅
色泽		表面呈乳白色，饼底部呈金黄色，不沾染杂色，品名纹印清晰
组织	果仁类	酥皮层次分明，包芯厚薄均匀，不偏皮，无夹生
	蓉沙类	酥皮层次分明，包芯厚薄均匀，皮馅无脱壳现象，不偏皮，无夹生
滋味与口感	果仁类	酥松绵软，有该品种应有的口味，无异味
	蓉沙类	酥松绵软，馅细腻油润，有该品种应有的口味，无异味
杂质		正常视力无可见杂质

（2）理化指标　翻毛月饼感官指标见表 3-32。

表 3-32　翻毛月饼理化指标　　%

项目		指标
干燥失重	≤	17
脂肪	≤	25
总糖	≤	40
馅料含量	≤	45

（3）微生物指标　翻毛月饼感官指标见表 3-33。

表 3-33　翻毛月饼微生物指标

项目		要求
菌落总数/（CFU/g）	≤	1 500
大肠菌群/（MPN/100 g）	≤	30
霉菌计数/（CFU/g）	≤	100
致病菌（沙门菌、志贺菌、金黄色葡萄球菌）		不得检出

【生产案例】

制作翻毛月饼

1. 生产任务描述

（1）生产任务　制作 50 个翻毛月饼。每个 70 g。

（2）配方　配方见表 3-34 至表 3-36。

表 3-34　翻毛月饼皮料配方表

原辅料名称	质量/g	烘焙百分比/%
高筋面粉	9 500	100
猪油	500	5.3
水	4 750	50

表 3-35　翻毛月饼酥料配方表　g

原料名称	质量	原料名称	质量
高筋面粉	9 500	猪油	4 500

表 3-36　翻毛月饼馅料配方表　g

原料名称	质量	原料名称	质量
熟面粉	6 500	白砂糖	7 500
植物油	2 500	麻油	1 000
芝麻	500	花生仁	1 000
瓜子仁	500	糖桂花	500
果酱	1 000	果脯	500
青梅	750	橘饼	750
水	250		

2. 主要设备与用具

和面机、烤炉、擀面杖、电子秤、面筛、烤盘等。

【工作任务实施记录与评价】

1. 制定翻毛月饼生产工作计划

师傅指导记录	翻毛月饼生产计划质量评价	评价成绩
		年　月　日

2. 设备、用具、材料等使用记录

日期	设备	工器具	制皮原料	制馅材料
检查质量评价				评价成绩
				时间

3. 月饼烘烤记录

日期/组别	工艺要求					
	刷蛋液	上火____℃	下火____℃	颜色	烘烤时间/min	记录人

4. 产品质量评价与分析

日期：　　　　　　　　　　　　　　　　　　　　　组别：

评价项目	形态	色泽	组织	滋味与口感	杂质
评价描述					
常见质量问题、原因及解决方法	常见质量问题： 原因及解决办法：				

任务 5.3　苏式月饼生产

苏式月饼原产于苏州，属于酥皮包馅糕点，饼皮是由水油面皮及油酥经多次折叠而成的，成品外皮完整，看不到酥层，切开后剖面层次分明。苏式月饼花色品种很多，包括火腿、椒盐、玫瑰等各种口味。相对于广式月饼甜度低，口感酥松，保质期也较长。

【任务目标与质量要求】

按照苏式月饼的生产计划任务，学会苏式月饼的基本生产过程。根据产品配方比例计算出所需原料的实际用量，依据岗位任务要求进行苏式月饼的原辅料处理，正确使用添加剂，严格按照投料顺序进行投料，掌握好温度、湿度，按照不同产品的特点控制加工的过程，明确操作过程中的品质控制点、关键操作步骤，确保生产的产品质量达到要求。

【学习产出目标】

1. 能选择和处理生产苏式月饼的原辅料；
2. 掌握苏式月饼的生产工艺；
3. 会调制苏式月饼的水油面团和油酥面团；

4. 会包酥和开酥；

5. 会调制苏式月饼馅料；

6. 掌握苏式月饼的质量要求；

7. 能够处理苏式月饼加工中出现的问题；

8. 能够主动获取信息，展示学习成果，对工作过程进行总结与反思，与他人进行有效沟通，团结协作。

【工作程序与方法要求】

序号	工作程序	操作步骤	注意事项
1	准备工作	做好卫生清洁、工具准备；检查设备。	能发现并解决卫生问题；检查设备确保设备的正常运行。
2	原辅料准备	1. 面粉过筛； 2. 准备油脂； 3. 准备馅料所需的各种原料。	面粉需要调温和过筛处理；油脂提前软化。
3	酥皮的制作	（1）水油面团调制：在调粉机中加入小麦粉，在低速条件下加油脂搅打均匀，然后加入冰水，高速搅打，待小麦粉充分吸水成团后，加盐低速搅打成团状即可。 （2）油酥面团调制：使用低筋面粉和油脂混合而成，可塑性强，基本无弹性，它是将面粉和油脂在和面机内搅拌约 2 min，取出分块，再用手使劲擦透而成。 （3）酥皮的制作：将酥油面团包入水油面团中，用擀片和折叠的方法，使面团形成层次分明、多层次结构酥皮。酥皮的制作分为大包酥和小包酥两种方法，皮酥的比一般为 1∶0.67 或 1∶1。	小麦粉要求是中筋面粉；水一般使用冰水；面团不松散、不粘手、有良好的延伸性，静置待用。 所用的油一般为固态油，以起酥油为佳，其他的如纯正猪油、黄油等也可。绝不可用含有水分的油脂，同时也严禁在油酥面团中加水，以防在加工时形成面筋。擦酥时用力均匀，时间要长些，这样才能擦透，制成柔软的可塑性强的面团。
4	馅料调制	馅料调制：首先将糖粉、油和各种辅助材料放入搅拌机中，混合均匀，加入煮熟的面粉继续搅拌均匀，即馅料又软又硬，然后放入馅料中漏斗的月饼机。	制馅的原料必须经过筛选、分切处理后才能使用。
5	包馅成型	手工包馅：首先，将饼皮压成扁圆的薄片，一手取皮一手取馅，左手虎口要由下而上，边转边逐步收口，使饼皮厚薄均匀，收口紧密完整。在饼坯收口处粘上正方形衬纸，收口朝上，放在铁圈里，呈扁鼓形。不能用力过猛，以免饼皮破裂，把成型的饼坯饼面朝上放在烤盘上，放盘动作要轻巧，防止破坏饼的形状，并要充分利用烤盘的面积排放均匀，中间保持一定的间距。	确保苏式月饼皮馅比例、月饼大小、重量标准统一，酥皮层次分明，符合苏式月饼传统特色的要求。

续表

序号	工作程序	操作步骤	注意事项
5	包馅成型	机器包馅成型：调整定型轮将面皮碾压至所需规格；安装产品所需规格的供料嘴（配送大中小 3 种规格供料嘴），开启供馅机，经卷轮装置将面皮覆馅料并卷成长条状；开启切刀打饼装置并控制切断速度及打饼大小，调整出合适的产品薄厚、产品直径大小、产品克重，最后打饼成型出所需规格的饼坯。	确保苏式月饼皮馅比例、月饼大小、重量标准统一，酥皮层次分明，符合苏式月饼传统特色的要求。
6	烘烤	烘烤一般要求炉温上火 180 ℃，下火 210 ℃，时间约 15 min，烤熟后的月饼饼面呈金黄色，腰部呈乳白色，月饼中心温度 85 ℃左右，然后趁热小心地盖上红色印章，冷却后包装即可。	炉温要控制好，防止饼面烘烤后焦黑。

【业务知识】

苏式月饼是以苏州地区制作工艺和风味特色为代表的，以小麦粉、饴糖、油等制成饼皮，小麦粉、油等制酥，经制酥皮、包馅、成型、烘烤等工艺加工制成具有酥层且口感松酥的月饼。按馅料不同可分为蓉沙类、果仁类、肉与肉制品类、果蔬类等，其中果仁类的馅料中果仁含量应不低于 20%。

1. 苏式月饼生产工艺流程（图 3-25）

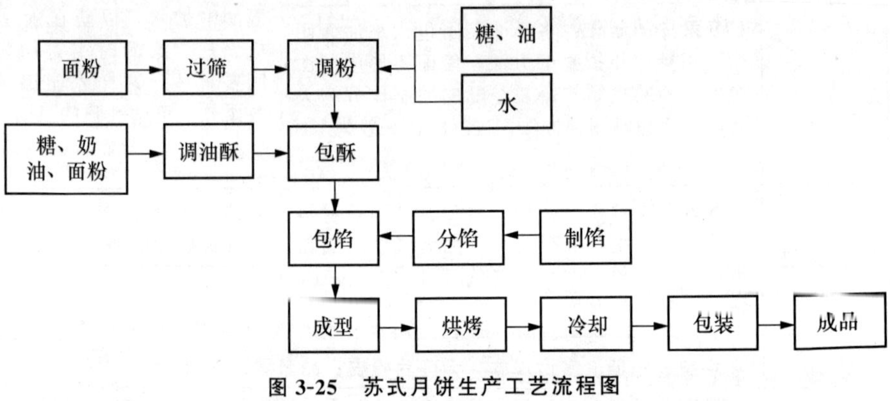

图 3-25　苏式月饼生产工艺流程图

2. 生产工艺要点

（1）原辅预料处理　按配方标准计量，将面粉过筛备用。

（2）制水油皮　先将油、温水投入和面机中，搅拌均匀后加入面粉，调成软硬适宜的筋性面团。

（3）制油酥　将面粉与油混合揉擦成软硬适宜的油酥面团。

（4）制皮　制酥皮有两种方法，即大包酥和小包酥。大包酥是将皮和酥各分成 20

块，将酥皮包入皮中，用滚筒压成薄片，然后切成 6 条（俗称开条），卷成圆形长条，然后切成 10 小块，将每小块的两端刀痕处折向里边，再用手掌压成饼形。应注意，酥包入皮内用滚筒擀薄时，不宜擀得太窄过短，以免皮酥不匀影响质量。小包酥是将皮和酥各分成 20 块，每块分成 60 个，将油酥逐个包入皮中，用滚筒稍稍压延后卷成团，再压成薄饼。制作大包酥工作效率高，但是皮酥容易不均，饼皮容易破裂。小包酥皮酥均匀，饼皮光滑，不易破皮，但比较费工，适于特色月饼的生产。制皮不能太软，否则月饼坯容易变形，难以做到皮馅均匀。油酥也不能太软，否则月饼容易跑糖和漏酥。

（5）制馅　将植物油、香油和糖粉投入搅拌机内搅匀，再加入果料、蜜饯、果仁、熟面粉、水等拌和，馅要拌得硬些，水分要少。馅中水分过多会发软，上口容易粘牙。然后将馅分成 20 块。搓条后，每条再分成 60 个小块。将馅逐个包入皮酥内即成，但猪油夹心月饼要先取豆沙馅按薄置于酥皮上，再取猪油丁、桂花等混合料同时包入酥皮内。

（6）制饼坯　馅料包好后，在酥皮的封口处，贴上方形小纸，压成厚为 1 cm 的扁形生饼坯。以每千克 12 个计算，每个质量约 90 g，或每千克 8 个或 24 个。为了区别各种馅料的月饼，一般在月饼的生坯上加盖各种名称的印章。

（7）摆盘、烘烤　将饼干坯逐个放入烤盘中，间隔距离要均匀，饼面朝下，要轻拿轻放。炉温约 200 ℃，如果炉温过高制品会烤焦；炉温过低制品容易发胖走形，一般烤制 6～7 min 为宜。待制品表面烤成微黄色时，翻身重新入炉烘烤，熟透出炉。

（8）冷却　烘烤完成后出炉冷却、包装。苏式月饼酥皮易碎，故装箱时要轻拿轻放。

3. 质量标准

（1）感官指标　苏式月饼感官指标见表 3-37。

表 3-37　苏式月饼感官指标

项目		要求
形态		外形圆整，面底平整，略呈扁鼓形，底部收口居中不漏底，无僵缩、露酥、塌斜、跑糖、露馅现象，无大片碎皮；品名戳记清晰
色泽		具有该品种应有色泽，不沾染杂色，无污染现象
组织	蓉沙类	酥皮层次分明，包馅厚薄均匀，馅软油润，无夹生，僵粒
	果仁类	酥皮层次分明，包馅厚薄均匀，馅松不韧，果仁分布均匀，无夹生、大空隙
	肉与肉制品类	酥皮层次分明，包馅厚薄均匀，肉与肉制品分布均匀，无夹生、大空隙
	果蔬类	包馅厚薄均匀，馅软油润，无夹生，大空隙
滋味与口感		酥皮爽口，有该品种应有的风味，无异味
杂质		正常视力无可见杂质

（2）理化指标　苏式月饼感官指标见表3-38。

表3-38　苏式月饼理化指标

项目		指标			
		蓉沙类	果仁类	肉与肉制品类	果蔬类
干燥失重/%	≤	24	22	30	28
蛋白质/%	≥	—	5	5	—
脂肪/%	≤	24	35	33	22
总糖/%	≤	38	30	30	48
馅料含量/%	≤	35			

（3）微生物指标　苏式月饼感官指标见表3-39。

表3-39　苏式月饼微生物指标

项目		要求
菌落总数/（CFU/g）	≤	1 500
大肠菌群/（MPN/100 g）	≤	30
霉菌计数/（CFU/g）	≤	100
致病菌（沙门菌、志贺菌、金黄色葡萄球菌）		不得检出

4. 常见质量问题及解决方法

（1）饼皮的层次不分明

原因及解决方法如下：

①水油面团的面粉选择不当或面粉达不到标准，必须选用高筋面粉，和面时搅拌至面筋充分形成，而且要松弛20 min左右方可使用；

②水油面团和油酥面团的比例不合适，水油面团太少；

③水油面团和油酥面团的软硬度不合适，在包酥时容易跑酥或者破裂；

④包酥的操作方法不当。

（2）烤制后月饼皮色泽不均匀或色过深，甚至焦煳。

原因及解决方法如下：

①成形时表面干粉太多，或者表皮刷蛋液过多，蛋液刷得不匀；

②烘烤温度过高。如果面火温度过高，烤制时间过长，饼皮颜色会过深、甚至焦煳；

（3）月饼的漏馅、表面开裂的问题

原因及解决方法如下：

①包馅时剂口封闭不紧，应封严剂口，而且要封口朝下码在烤盘里；

②馅料质量差，或者水分太多，配比不合理，烘焙时造成“胀馅”、破皮，应严格控制馅的质量；

③皮面和馅料的软硬度不合适，应控制好皮面和馅料的软硬度。

(4) 漏酥

原因：制酥皮时，压皮用力不均，皮破造成漏酥；包馅时，将酥皮掀破。

解决方法：包酥和压皮用力要均匀；包馅时，酥皮刀痕要掀向里面。

(5) 跑糖

原因：油酥太软；底部收口没捏紧。

解决方法：油酥中面粉和油的比例要适当，一般为 2∶1，夏天可减少油；包馅收口要捏紧。

(6) 变形

原因：皮子过软，置盘时手捏饼过紧。

解决方法：掌握皮料用水，和面时，加水量视天气和面粉干湿情况而定；取饼置盘动作要轻巧。

(7) 皮馅不均

原因：包馅时，掀皮不均。

解决方法：包馅时用手掌部掀酥皮，用力均匀，同时加强基本功训练，熟能生巧。

(8) 皮层有僵块

原因：采用大包酥，包酥不匀。

解决方法：包酥压皮，要压得均匀。

(9) 饼底有黑块或黑点

原因：烤盘未擦净。

解决方法：放置生坯前，烤盘一定要擦干净。

【业务经验】

1. 苏式月饼的原料选取要求是什么？

——月饼原料必精选。核桃仁当选用内见色白无出油为好，红绿瓜、青梅、冬瓜糖、金橘饼、黑芝麻等当选用饱满无异味、色泽自然不亮艳为好，全部原料禁止使用劣质陈货。

馅料加工调配前必进行挑拣，剔除杂质虫粒、混入各种配料、糖料、盐料等，恪守配方标准不得随意加减。

2. 苏式月饼的饼皮制作中需要注意什么？

——饼皮面团中的油、粉比例，油、水、粉温度要精准，制酥皮时力度均匀，使饼皮层次分明。

【生产案例】

制作苏式（水晶百果）月饼

1. 生产任务描述

能按照苏式（水晶百果）月饼操作规程做出月饼，树立良好的安全文明操作意识。能够运用所学知识，对工作过程进行总结与反思，能够发现苏式（水晶百果）月饼出现的质量问题并分析原因。

（1）生产任务　制作 50 个苏式（水晶百果）月饼，每个 100 g。

（2）配方　配方见表 3-40 至表 3-42。

表 3-40　苏式（水晶百果）月饼皮料配方表

原辅料名称	烘焙百分比/%	质量/g
高筋面粉	100	9 000
猪油	34.4	3 100
饴糖	11.1	1 000
热水（80 ℃）	38.9	3 500

表 3-41　苏式（水晶百果）月饼酥料配方表　g

原料名称	质量	原料名称	质量
高筋面粉	5 000	猪油	2 850

表 3-42　苏式（水晶百果）月饼馅料配方表

原料名称	烘焙百分比/%	质量/g	原料名称	烘焙百分比/%	质量/g
熟面粉	100	5 000	绵白糖	220	11 000
猪油	85	4 250	糖渍猪油丁	100	5 000
核桃仁	50	2 500	松子仁	20	1 000
瓜子仁	20	1 000	黄桂花	10	500
黄丁	10	500	糖橘皮	10	500

2. 主要设备与用具

和面机、烤炉、擀面杖、电子秤、面筛、烤盘等。

3. 工艺流程（图 3-26）

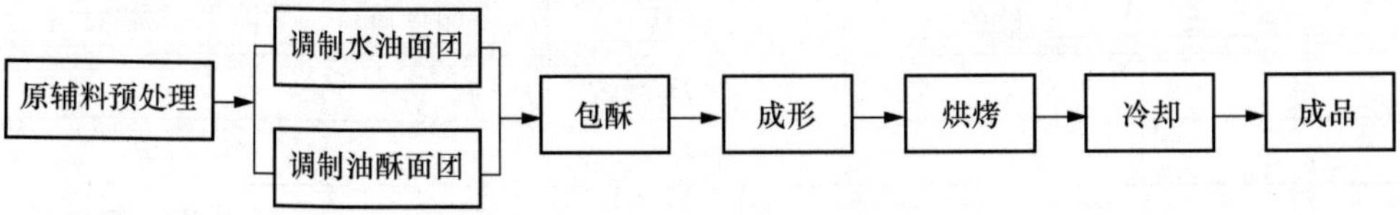

图 3-26　苏式（水晶百果）月饼工艺流程

4. 操作规程

（1）原辅料预处理　按配方标准计量，将高筋面粉过筛备用。

（2）调制水油面团　面粉置于台板上打圈，加入猪油、饴糖和热水，将油、糖、水充分搅拌均匀，然后逐步加入面粉和成面团。盖上布醒发片刻，制成表面光滑的面团待用。

（3）调制油酥面团　面粉置于台板上打圈，倒入猪油，用手边推边擦，直到擦透成油酥。

（4）包酥　采用大包酥或小包酥的方法制成酥皮。

（5）制馅　根据配方将干料混匀，加入油脂拌匀擦滋润即可。

（6）成形　皮与馅的比例为 5∶6。将馅逐块包入酥皮内，馅芯包好后在酥皮的封口处贴上方形小纸，压成 1 cm 厚的扁形生饼坯。最后在生饼坯上盖上各种名称的红印章，找好距离，生饼坯码入烤盘。

（7）烘烤　调好炉温（200～230 ℃），将装有月饼坯的烤盘入炉，烘烤 5～6 min。烘烤时间主要是根据炉温而定，炉温过高易焦，过低要跑糖漏馅。用目测来确定月饼的成熟，当饼面呈松酥、起鼓状外凸，饼边壁呈黄白色（乳黄色）时即为成熟；若饼边呈黄绿色，不起酥皮，则表示未成熟。

（8）冷却　已装烘烤完成后出炉冷却、包装。苏式月饼酥皮易碎，故装箱时要轻拿轻放。

【工作任务实施记录与评价】

1. 制定苏式月饼生产工作计划

师傅指导记录	苏式月饼生产计划质量评价	评价成绩
		年　月　日

2. 设备、用具、材料等使用记录

日期	设备	工器具	制皮原料	制馅材料
检查质量评价				评价成绩
				时间

3. 月饼烘烤记录

日期/组别	工艺要求					
	刷蛋液	上火____℃	下火____℃	颜色	烘烤时间/min	记录人

4. 产品质量评价与分析

日期：　　　　　　　　　　　　　　　　组别：

评价项目	形态	色泽	组织	滋味与口感	杂质
评价描述					
常见质量问题、原因及解决方法	常见质量问题： 原因及解决办法：				

5. 学徒关键职业能力及职业品质、工匠精神评价

项目	A	B	C	D
工作态度				
吃苦耐劳				
团队协作				
诚实守信				
精益求精				
沟通交流				
学习钻研				
认真负责				

6. 学徒的考核

项目	85分以上	70～85分	60～70分	不合格	权重
工作态度和考勤					50%
苏式月饼制作过程					10%
生产日志完成情况					5%
生产现场的清理					5%
生产工器具、设备的使用与保养					5%
与其他生产技术人员的交流与合作					5%
与品控、质检部的交流					5%
学徒手册					10%
生产材料、生产成本节约					5%
总评					

参考文献

[1] 陈平，陈明瞭．焙烤食品加工技术．2 版．北京：中国轻工业出版社，2021.
[2] 李里特，汪正强．焙烤食品工艺学．3 版．北京：中国轻工业出版社，2021.
[3] 史见孟．职业技能等级认定培训教材：西式面点师（五级）．北京：中国劳动社会保障出版社，2021.
[4] 钟志惠，等．面包生产技术与配方．北京：化学工业出版社，2009.
[5] 钟志惠，等．中式糕点生产技术与配方．北京：化学工业出版社，2009.
[6] 钟志惠．蛋糕生产技术与配方．北京：化学工业出版社，2009.
[7] 钟志惠．西点生产技术大全．北京：化学工业出版社，2012.
[8] 朱珠．焙烤食品加工技术．北京：中国轻工业出版社，2017.
[9] 黎彩平．焙烤食品加工检验．北京：机械工业出版社，2014.
[10] 田晓玲．焙烤食品生产．北京：化学工业出版社，2017.
[11] 吕银德．焙烤食品加工技术．北京：中国科学技术出版社，2012.
[12] 贾君，等．焙烤食品加工技术．北京：中国农业出版社，2008.
[13] 刘钟栋，等．新版糕点配方．北京：中国轻工业出版社，2002.
[14] 马涛．焙烤食品工艺．2 版．北京：化学工业出版社，2012.
[15] 蔺毅峰，等．焙烤食品加工工艺与配方．2 版，北京：化学工业出版社，2011.
[16] 张海臣．粮油食品加工学．北京：中国商业出版社，2015.
[17] 蔡晓雯，等．焙烤食品加工技术．北京：科学出版社，2016.
[18] 顾宗珠．焙烤食品生产技术．北京：化学工业出版社，2012.
[19] 彭亚峰．焙烤食品科学与技术．北京：中国质检出版社，2011.
[20] 肖志刚，等．食品焙烤原理及技术．北京：化学工业出版社，2008.
[21] 朱珠，等．焙烤食品生产技术．2 版．北京：中国轻工业出版社，2012.
[21] 张妍，等．焙烤食品加工技术．北京：化学工业出版社，2006.
[22] 贡汉坤．焙烤食品生产技术．北京：科学出版社，2004.
[23] 苏东海，等．面包生产工艺与配方．北京：化学工业出版社，2008.
[24] 曾洁．月饼生产工艺与配方．北京：中国轻工业出版社，2009.
[25] 李里特．焙烤食品工艺学．2 版，北京：中国轻工业出版社，2010.
[26] 刘江汉．焙烤工业实用手册．北京：中国轻工业出版社，2003.
[27] 张守文．面包科学与加工工艺．北京：中国轻工业出版社，1996.
[28] 农业部农民科技教育培训中心，中央农业广播电视学校．烘焙工．北京：中国农

业大学出版社，2009.
[29] 人力资源和社会保障部教材办公室．烘焙工．北京：中国劳动社会保障出版社，2010.
[30] 吴志明，等．西式面点制作．北京：化学工业出版社，2011.
[31] 于海杰．焙烤食品加工技术．北京：中国农业大学出版社，2015.
[32] 洪文龙，等．焙烤食品加工与生产管理．北京：北京师范大学出版社，2016.
[33] 李书丰，等．焙烤食品加工技术．北京：中国水利水电出版社，2016.
[34] 高海燕，等．中式糕点生产工艺与配方．北京：化学工业出版社，2016.

附　录

Appendix

Appendix

Appendix

Appendix

附录1 焙烤食品加工学徒岗位标准

焙烤食品加工学徒岗位标准

试点专业名称	智能食品加工技术
学徒岗位名称	烘焙食品加工岗
岗位工作描述	了解相关食品安全条例；积极学习生产车间、门店后场产品的生产工艺流程及制作方法；能独立负责面包、蛋糕、其他烘焙类等产品的制作；熟悉基本烘焙理论及生产管理、生产现场实施的管控及查核；负责制作现场卫生干净清洁。
工作场所与使用工具	烘焙食品生产企业、面包坊 主要使用操作台、搅拌机、开酥机、醒发箱、烤炉、包装机等设备。
职业安全与规章制度	根据安监局、技术监督局等的通知要求，为了加强安全生产管理、规范安全生产，由学徒企业的办公室、质量控制部、生产部、技术部等组织定期培训，对学徒岗位员工的操作规范、工艺流程进行定期安全教育培训，并定期组织安全消防教育培训，确保提高员工安全生产意识与素质；将相关要求融入具体学习内容，贯穿学徒岗卫生质量控制、生产加工、工艺制定、检验、设备维护、原辅料采购、仓储管理学习全过程。 **一、焙烤食品加工岗需要遵守的相关法规规范** 根据《食品安全法》、GB 14881—2013《食品安全国家标准　食品生产通用卫生规范》、GB 8975—2016《食品安全国家标准　糕点、面包卫生规范》、GB 2760—2014《食品安全国家标准　食品添加剂使用标准》、GB 20981—2021 标准和有关法律、行政法规、食品安全管理体系，烘焙食品生产企业要求等规定。 **二、焙烤食品加工岗学徒基本守则** 1. 忠于职守、爱岗敬业 西式面点工作是较为特殊的工作，对职业素质要求较高，需要较长时间的工作经验积累。忠于职守就是要求把自己职责范围之内的工作做好，合乎质量标准和规范要求。

续表

职业安全与规章制度	爱岗就是热爱自己的工作岗位，热爱本职工作；敬业就是要用一种恭敬严肃的态度对待自己的工作。爱岗敬业作为最基本的职业道德规范，是对从业人员工作态度的普遍要求。 “干一行爱一行”是西式面点从业人员职业道德最起码的要求。同时，任何行业的工作都不是可以享乐的，需要有艰苦奋斗、勤俭创业的精神。 2. 优质服务、信誉第一 优质服务，是指在符合行业标准和部门规章的前提下，所提供的服务能够满足服务对象的合理需求，保证一定的满意度。 西式面点从业人员制作的食品，其质量的好坏决定着企业的效益和信誉。消费者支付了货款，就应得到相应的服务、获得高质量的食品，违背了这一原则，就是违背了职业道德，企业的信誉就肯定会受到影响。 3. 遵纪守法，廉洁奉公 为了规范竞争行为，加大法治经济的力度和保障消费者的利益，国家有一系列法律、法规，如《食品安全法》《经济合同法》《产品质量法》《计量法》《消费者权益保护法》等，这些法律、法规反映了人民的意志，体现了国家的意志。 遵纪守法是对每一个公民的基本要求。能否遵纪守法，是衡量职业道德好坏的重要标志。法律法规及政策是调节人们利益关系的重要手段，能够有力地促进市场经济的健康发展。 4. 积极进取，提高技能 知识经济时代，知识是推动行业发展的动力之一。作为西式面点行业从业人员，要不断地积累知识、更新知识，紧跟原料、工艺、技术不断更新发展的步伐，适应企业竞争、人才竞争的需要，做到积极进取、开拓创新、重视知识、敢于竞争。 **三、焙烤食品加工岗学徒企业实习阶段工作风纪** 1. 公司鼓励员工间积极沟通交流，但不能因此妨碍工作。因此，办公期间应该坚守岗位，不要随意串岗聊天。需要暂时离开时，应知会同事。 2. 保持办公室的整齐、干净、卫生是每一位员工的责任。请不要在办公区域进食、吸烟、饮酒，如有发现，按公司规定给予警告、罚款处理。 3. 办公室是公司办公场所，有公司很重要的财物和信息资料。所有来访的客人必须由邀请人陪同才可进入；接待来访、业务洽谈应在洽谈室或会议室进行。 4. 不得浪费、损坏公司公物，或将公司公物占为已有消费使用，一经发现给予警告、罚款。 5. 外出公务或出差必须乘坐公司指定交通工具，并按规定标准住宿。不得乘坐非客运机动车如摩托车、三轮车等。 **四、焙烤食品加工学徒岗职业安全** 1. 业务安全 (1) 务必保管好持有的公司涉密文件。 (2) 未经授权或批准，不得对外提供有密级的公司文件或其他未公开的经营状况、财务数据等。 (3) 对非本人职权范围内的公司机密，应做到不打听、不猜测、不传播。 (4) 发现了有可能涉密的现象应立即向有关上级报告。 (5) 学徒在实习期间不得将单位的任何保密资料进行转存携带。 (6) 学徒在实习期间不得私自将实习单位的内部资料以任何方式透露给他人。 2. 自身安全 (1) 学徒学生在校或在企业实习期间不论有无驾照均不允许驾驶机动车辆。 (2) 上下班（课）期间严格遵守交通规则，避免发生人身意外。 (3) 在生产车间穿好工作服，操作设备做好个人防护，注意个人及他人安全。

续表

<table>
<tr><td rowspan="2">职业道德与素质要求</td><td colspan="4">（4）晚上 8：00 后不单独外出。坚决杜绝夜不归宿，有一次夜不归宿立刻终止学徒学习阶段，并按照学院管理规定处理。
（5）学徒学生在单位实习期间做好水、电、暖安全，上班前、睡觉前检查水电，确保安全。
（6）做好防火工作，不使用大功率用电器。
忠于职守，爱岗敬业；
讲究质量，注重信誉；
尊师爱徒，团结协作；
积极进取，开拓创新；
遵纪守法，讲究公德；
坚持匠心，精益求精。</td></tr>
<tr><td colspan="4">吃苦耐劳、工作认真负责、时间观念强、耐心细致、科学严谨，遵守公司和实验室的规章制度，具有质量第一的职业态度和强烈的事业心。</td></tr>
<tr><td rowspan="2">行业企业职业行为规范</td><td colspan="4">工作仪容仪表
1. 应保持良好的个人卫生：勤洗澡、勤理发、勤洗工作服、勤剪指甲；男员工不准留胡须和长发，不允许佩戴首饰。
2. 操作间内人员禁止脱帽、搔头、挖鼻孔、摸脸、随地吐痰、擤鼻涕等不卫生行为。
3. 禁止在制作间内吃零食，严禁吃生产用的原料及产品，品尝样品需由专人进行。
4. 所有人员进入生产制作区域前必须穿戴好口罩、帽、工作服、工作鞋，并对鞋底进行消毒，工作服应完全盖住便装（包括衣服、裤子），头发不得外露，口罩完全盖住口鼻。</td></tr>
<tr><td colspan="4">工作组织与管理要求
1. 严格遵守与食品健康安全卫生相关的法律法规；
2. 准确地使用工具与设备；
3. 有效整洁地开展工作，关注工作场合和伙伴；
4. 专业有效地应对突发情况。</td></tr>
<tr><td>对应职业资格</td><td colspan="4">西式面点师（国家职业技能四级）、中式面点师</td></tr>
<tr><td>岗位工作任务（或项目）</td><td>工作过程与技术质量要求</td><td>专业知识要求</td><td>技术技能要求</td><td>综合职业能力要求</td></tr>
<tr><td>工作前准备</td><td>能根据生产所需的工具清单、设备清单进行准备；做好工具清洗消毒；设备开机预热等</td><td>1. 工具清洗要求；
2. 工具的消毒；
3. 设备操作规程</td><td>1. 按照用具的清洗程序清洗用具；
2. 按照用具的消毒程序消毒；
3. 检查设备是否完好、运转是否正常、电源接触是否良好，做好交接班记录</td><td>具有食品安全意识、生产安全意识，了解食品储存、准备、烘焙以及服务（HACCP）相关的卫生工作法规；关注用具与设备的生产规范能力。透彻了解清洁生产，熟悉面粉、酵母、糖、盐等基础材料</td></tr>
</table>

续表

岗位工作任务（或项目）	工作过程与技术质量要求	专业知识要求	技术技能要求	综合职业能力要求
面包制作	能根据面包的种类和特点进行配料、面团调制、整形与成型，并根据面包的类型和大小对面包进行烘焙、冷却，符合质量要求	面包面团的特点；面包面团调制的方法和注意事项；面包成型的手法和注意事项；醒发的注意事项；面包成熟的热传递原理、成熟的注意事项	能按照面包产品（软质、硬质、起酥、脆皮等）进行配料；能按照面包面团特点搅拌面团；能按照面包类型进行面包面团的整形；能将不同类型的面团生坯成型；用醒发设备醒发面包；根据产品的类型、大小等确定烘烤条件并进行烘烤；冷却产品等	1. 能在企业师傅的带领下完成相应工作任务，获得生产经验； 2. 具有分析问题、解决问题、举一反三、学习迁移的能力； 3. 能灵活运用烘焙器具，熟悉烘焙中所有设备，并能熟练使用
蛋糕制作	能根据蛋糕的种类、特点进行配料、面糊调制、成型，并根据蛋糕的类型和大小对蛋糕进行烘焙、冷却，符合质量要求	蛋糕的分类知识；蛋糕搅拌设备的使用方法；蛋糕面糊调制方法和注意事项；熟悉蛋糕模具的种类和用途；海绵蛋糕与油脂蛋糕的成型方法；蛋糕烘焙知识，蛋糕成熟的判断方法	能按蛋糕的类型和产品的配方配料；能用全蛋搅拌法调制海绵蛋糕面糊；能用油糖搅拌法调制油脂蛋糕面糊；能用模具制作海绵蛋糕、油脂蛋糕生坯；能用烤箱将海绵蛋糕、油脂蛋糕生坯制熟	1. 能在企业师傅的带领下完成相应工作任务，获得生产经验； 2. 具有分析问题、解决问题、举一反三、学习迁移的能力
点心制作	能根据混酥类点心的特点和制作工艺流程进行配料、面团调制、生坯成型，符合质量要求	混酥、清酥类点心等种类和特点；面团调制的方法和注意事项；混酥类面团调制设备的使用方法；工具、模具的种类和用途、保养；清酥类生坯成型的基本手法；烤箱的功能、使用与保养、成熟的方法和注意事项	能按混酥类面团配方配料；按照操作工艺调制点心面团（混酥、清酥、泡芙等）；能制作塔类、排类、派类、饼干类生坯；能使用烤箱将塔类、排类、派类、饼干类生坯制熟	1. 能在企业师傅的带领下完成相应工作任务，获得生产经验； 2. 具有分析问题、解决问题、举一反三、学习迁移的能力
月饼制作	能根据生产需要，结合月饼的种类、特点进行配料、面团调制、整形与成型，并根据月饼的类型和大小对面包进行烘焙、冷却，符合质量要求	广式月饼、苏式月饼、京式月饼等种类和特点；月饼饼皮面团调制的方法及注意事项；面团调制设备的使用；月饼生坯成型的基本手法；烤箱的使用；成熟方法与注意事项	能按月饼面团配方配料；按照操作工艺调制饼皮面团（水油皮、糖浆皮、油酥皮）；能制作月饼生坯；能使用烤箱将月饼生坯制熟	1. 了解中国传统的月饼文化、熟悉月饼的种类及特点； 2. 能在企业师傅的带领下完成相应工作任务，获得生产经验； 3. 能根据月饼产品的特点进行包装

续表

职业品质与工匠精神案例	宋代诗人陆游有句诗曾经说过："纸上得来终觉浅，绝知此事要躬行。"学徒在任务执行阶段，需要大量重复的练习。因为热爱，所以专注。第44届世界技能大赛烘焙项目的世界冠军蔡叶昭成功的秘诀在于他精益求精的工匠精神，真正的成功没有捷径，只有保持内心的热爱，坚持精进，才能收获时间的复利，取得真正的成功。 2012年，16岁的蔡叶昭是一家西点店的蛋糕裱花师傅，每月能拿到5 000元的收入。在工作中接触到过烘焙，一踏入面包的世界，蔡叶昭就被深深地吸引住了。最简单的原材料——面粉、水和鸡蛋，居然能够变化出那么多的种类，简直就是一个"魔法世界"。从那时起，蔡叶昭有了明确的人生目标，那就是做一名优秀的面包师。因此他毅然放弃裱花师5 000元的月薪，从零开始学习烘焙，这对于蔡叶昭并不富裕的家庭而言是不小的压力。然而他并没有放弃，他瞒着父母，省吃俭用，成为月薪仅1 200元的烘焙学徒工。 2016年，在烘焙界"摸爬滚打"3年的蔡叶昭，已然成了一位烘焙师傅，每月有着稳定且可观的收入，但他没有停下学习的脚步。偶然间，蔡叶昭得知了世界技能大赛，在老师的鼓励下，他决定试一试。他明白，想要参加世界技能大赛，首先要从省内比赛，到国内比赛，入选国家队后才能获得参加世界比赛的资格。这意味着他需要再次辞去高收入的工作，每天全心全意地进行训练，才有可能经过层层选拔后代表中国出战世界大赛。这一次，蔡叶昭依旧没有犹豫，他辞去工作，回到学校训练。他每天站立训练12 h以上，反复制作十几款比赛面包，因为他知道比赛是残酷的。 2016年，他作为江苏队种子选手，参加第44届中国区世界技能大赛，那是他当时参加的规模最高的比赛。赛前，蔡叶昭不小心把手割出一个3 cm的伤口，对于烘焙这种卫生条件和制作技能要求非常高的项目而言，手的受伤对选手而言无疑是致命的。"真的很沮丧，很想回家"，蔡叶昭记忆犹新，"连裁判都劝我退赛"。作为江苏省队的希望，如果蔡叶昭退赛，对于整个江苏省而言，都将是一种遗憾。为了不影响正常比赛，蔡叶昭用保鲜膜把伤口紧紧包裹起来，防止伤口沾水。"持续8个小时的比赛结束后，我把保鲜膜拆下来，整个手都紫了。"蔡叶昭说。那场比赛，他获得了冠军，赢得了代表中国队到阿布扎比出战世界大赛的资格。世界技能大赛有"技能奥林匹克"之称，这是中国选手第一次拿到世界技能大赛烘焙项目的入场券。 当蔡叶昭真正站在竞赛场馆时，他感受到前所未有的紧张和激动。他心里只有一个强烈的念头，"要铆足劲把所有训练成果展现出来，让大家知道，中国人也能够做出好的面包。" "4天的时间很漫长，当我把最后一款面包端出烤炉的时候，那份满足感让我久久不能平静。"蔡叶昭说。2017年的阿布扎比，他不负众望，夺得了第44届世界技能大赛烘焙项目的冠军，带着中国的烘焙技术第一次登上了世界最高领奖台。冠军的梦想就在第44届世界技能大赛的闭幕式上实现了。 "在烈日炎炎的夏季，每天都要在炽热的烤箱旁对一个作品进行打面、整形、烘焙、装饰等练习，即使开着空调温度也依旧会很高，有时还是会感到崩溃，在体能消耗上也时常受不了，但是一个好的作品正是需要这样细细的打磨才能成就。"这也正是蔡叶昭理解的工匠精神。
职业生涯发展规划	面包学员→面包一级员工→面包二级员工→面包三级员工； 中点学员→中点一级员工→中点二级员工→中点三级员工； 烘焙学员→烘焙一级员工→烘焙二级员工→烘焙三级员工； 学徒期间在企业师傅指导下完成企业的生产任务，并对所学知识、技能进行总结归纳。在最后一个学期的学徒实习期间，根据第一轮学徒岗位实习情况和个人对行业的认知，可以选择几个岗位中的一个岗位进行强化训练。选择面包加工岗、中点岗、烘焙岗的学徒可以继续以具体的工作任务为载体，深刻领会面包、中点、烘焙岗位的知识和技能，积累经验。在烘焙食品加工企业工作两年以上，才能成为这方面的技术人才，而后在企业提供培训、交流、考核的平台的基础上，不断拓展自己的知识面，多看、多听、多动手、勤总结，成为新疆烘焙食品加工方面的能工巧匠或技术大师。

附录2 焙烤食品加工学徒专业学徒岗位课程标准

烘焙学徒岗位课程标准

试点专业名称	食品智能加工技术		
学徒岗位 课程名称	《焙烤食品智能加工技术》		
学徒岗位课程 工作描述	焙烤食品加工岗前培训—工作前准备－面包制作—蛋糕制作—糕点制作—月饼制作	学徒工作 学习周数	24 周
课程教学目标 与学习产出	**职业素质目标：** 1. 具有良好的服务意识，良好的职业形象和职业素养； 2. 具有团队合作精神； 3. 有良好的人际交往能力、沟通能力和信息处理能力； 4. 热爱烘焙食品行业，乐于从事烘焙食品生产研发，服务民众、奉献社会； 5. 具有创业意识，具有创新精神和成果转化意识，勇于承担社会责任和岗位责任，职业价值取向明确，具有良好的职业态度和职业道德修养； 6. 具有爱岗敬业、诚实守信、办事公道、服务民众、奉献社会的精神和精益求精的工匠精神； 7. 具有较强的观察能力、想象能力、分析能力、协调能力和创造能力； 8. 具有合作意识和团队精神； 9. 具有较强的安全意识、服务意识、环保意识。 **专业知识目标：** 1. 了解烘焙食品文化、烘焙食品行业发展史； 2. 了解烘焙食品行业发展动态和新产品、新技术、新方法； 3. 掌握与专业技能相适应的食品化学、食品微生物、食品检测分析、食品安全与质量控制等基础知识； 4. 熟练掌握与食品加工（烘焙加工）专业技能相适应的加工知识和工艺技能； 5. 了解智能化、机械化的烘焙食品加工行业前景； 6. 了解烘焙食品行业发展的新工艺、新技术、新方法、新设备、新规范；		

续表

课程教学目标与学习产出	7. 了解与本专业相关的法律法规，特别是食品安全相关法律法规； 8. 了解文明生产、环境保护、安全消防等知识。 **职业能力目标：** 1. 通用能力：适应数字化、智能化技术环境，具有探究学习、终身学习、分析问题和解决问题的能力；具有良好的语言、文字表达能力和沟通能力；具有团队合作能力。 2. 专业能力：具备烘焙食品按照操作规范进行安全生产的能力；具有烘焙食品加工过程控制、工艺参数设定与调整的能力；具有正确使用和维护烘焙食品机械与设备的能力；具有烘焙食品分析、检测的能力；具有依照企业管理规范实施一线生产管理、质量管理的能力。 3. 岗位从业能力： （1）了解企业特点、概况、组织结构、规章制度和工作流程； （2）具有与他人沟通合作的能力和较强的心理承受能力； （3）具有吃苦精神、劳动精神、精益求精精神，对烘焙产品质量负责； （4）具有工艺改良、新产品、新技术研发的能力；具有烘焙食品成果转化的能力。
学徒岗位课程实施工作场所与使用工具	实施工作场所：食品加工创新平台实训室、学徒制企业烘焙食品生产线、面包西点坊，拥有专业的国家标准化食品生产净化车间； 使用工具：烘焙糕点初加工类设备，饼干类加工设备，烘烤蛋糕类设备，冷加工糕点类设备，面包加工类设备和裱花装饰类设备及生产线。
学徒岗位课程实施岗位职业安全与规章制度	根据《食品安全法》、GB 14881—2013《食品安全国家标准　食品生产通用卫生规范》、GB 8975—2016《食品安全国家标准　糕点、面包卫生规范》、GB 2760—2014《食品安全国家标准　食品添加剂使用标准》、GB 20981—2021 标准和有关法律、行政法规、食品安全管理体系，烘焙食品生产企业要求等规定。
行业企业工作学习职业行为规范	1. 遵守企业各项规章制度，行为规范标准及工作流程，团结同事，服从领导，勤奋学习，提高自身职业素养。 2. 工作中不回避困难和挑战，主动承担工作责任。 3. 对待本职工作尽职尽责，做到最好。 4. 熟练掌握原料、辅料、添加剂的成分、特点、用法、用量，掌握生产用工具、模具、容器的正确使用及清洁保养方法，掌握烤炉等设备的正确使用及清洁保养方法，掌握面包、蛋糕、西点、月饼制作的工艺流程及技术要领，能独立完成本职工作。 5. 熟练掌握本岗位开工前准备，生产制作、包装入库，收工作业的工作流程，并能出色完成自己的各项工作。 6. 接受顾客、同事、领导、企业的各项评议、评估，面对优点不骄不躁，面对缺点不文过饰非，积极改正。 7. 对承担的各项工作，积极响应，认真执行，及时汇报。 8. 积极参加企业组织的培训、会议、文娱等集体活动，有团队精神和集体荣誉感。
企业师傅、专业指导教师配置与教学要求	**1. 企业师傅选派** 企业为每位学徒指派企业技术专家为师傅。企业师傅应选部门技术管理负责人、部门业务技术骨干担任，并具备一定职业教育培训知识基础和工作经验。企业师傅承担以下职责： （1）根据学徒教学目标，结合企业生产计划指导学生制定学徒学习计划。 （2）指导管理学徒生活，督促检查学徒学习计划的执行情况。 （3）帮带学生，指导工作技术操作，完成工作任务。 （4）进行技能辅导与考核，并作为批改与记录。

续表

<table>
<tr><td>企业师傅、专业指导教师配置与教学要求</td><td colspan="4">（5）管理考核学徒。
（6）校企双导师共同指导学徒撰写实习总结、论文开题报告。
2. 技术培训计划
公司为学徒提供入职培训和业务技术培训
（1）入职培训。由公司负责人或人力资源部组织学徒接受短期的入职培训，帮助学徒了解公司的宗旨、企业文化、管理制度等内容。
（2）业务培训。由公司业务部门组织学徒进行岗位业务知识能力集中培训，也可由公司提出业务培训具体要求，由学院在岗前进行培训。
（3）技术培训。由公司业务部门根据工作技术环节，分阶段进行岗前专项技术（技能）培训，然后上岗工作。
公司接受学徒的同时，应向学院提供学徒学生技术培训计划副本。
3. 校内专业指导教师配备要求
按照焙烤食品加工岗的知识内容结构，同类岗位该专业方向配1～2名校内专任指导教师，负责课程理论及部分实操的授课，到企业后配合学徒班校外实习指导教师进行学习督导。
教学要求：教学教师具有双师素质，课程以项目化教学为主，重视项目实训，注重职业素质教育。
学徒实习指导教师教学要求：
（1）在学徒岗位通过实习管理APP对实习学生进行日常管理。
（2）指导教师要制订指导工作计划，填写指导手册，完成书面工作总结。
（3）指导教师与企业师傅经常联系对接，督促学徒完成企业生产任务和学习任务，解决学生的思想问题等。
（4）负责与学徒制单位联系，积极配合学徒制单位工作，及时解决学徒实习中的问题，争取学徒实习单位的支持和帮助，搞好学徒实习单位与学校的关系。
（5）指导教师要指导学生筛选、确定学徒实习单位、岗位，开展顶岗实习。
（6）指导教师要对学徒学生在企业实习全程通过电话、书信、E-mail、走访等形式进行专业技术指导、职业综合能力培养指导、就业指导。
（7）指导教师要严格要求学生，重视培养学生独立工作的能力、分析问题、解决问题能力和创新能力。
（8）负责了解、掌握及检查学生完成实习的情况，指导学生撰写实习总结，调查报告等；对在实习中违反纪律且情节严重的学生，指导教师要对其进行批评教育，通知班主任并及时向实习领导小组汇报。</td></tr>
<tr><td>可考取的职业资格证书、行业或企业证书</td><td colspan="4">西式面点师、中式面点师</td></tr>
<tr><td>岗位工作学习任务（或项目）</td><td>工作学习内容</td><td>工作学习组织</td><td>学习产出考核标准</td><td>工作学习时间（周）</td></tr>
<tr><td>1. 岗前培训</td><td>企业文化、企业人事、企业组织管理制度、考勤制度等的学习、清洁与消毒</td><td>由学徒企业组织进行</td><td>1. 基本语言表达能力
2. 企业师傅提问与企业相关的知识
3. 清洁与消毒实操</td><td>1</td></tr>
<tr><td>2. 食品安全、良好操作规范培训</td><td>食品安全与虫害、设备设施使用与保养、良好的操作规范</td><td>根据学徒企业的食品安全制度和良好操作规范</td><td>1. 设备名称和使用方法
2. 岗位食品安全的关键点
3. 学习良好的操作习惯</td><td>1</td></tr>
</table>

续表

岗位工作学习任务（或项目）	工作学习内容	工作学习组织	学习产出考核标准	工作学习时间（周）
3. 面包生产	1. 根据生产任务进行面包产品制作 2. 合理安排工序 3. 合理安排设备和时间	在学徒制企业的面包生产车间进行	1. 生产合格优质的面包产品 2. 面包生产设备的使用	6
4. 蛋糕生产	1. 根据生产任务进行蛋糕产品制作 2. 合理安排工序 3. 合理安排设备和时间	在学徒制企业的蛋糕生产车间进行	1. 生产合格优质的蛋糕产品 2. 蛋糕生产设备的使用	4
5. 西点生产	1. 根据生产任务进行西点产品制作 2. 合理安排工序 3. 合理安排设备和时间	在学徒制企业的西点生产车间进行	1. 生产合格优质的西点产品 2. 西点生产设备的使用	4
6. 月饼生产	1. 根据生产任务进行月饼产品制作 2. 合理安排工序 3. 合理安排设备和时间	在学徒制企业的月饼生产车间进行	1. 生产合格优质的月饼产品 2. 月饼生产设备的使用	3
职业品质与工匠精神培养	能够严格按照生产规程进行操作，具有较强的责任心，认真踏实的工作态度；善于沟通交流；具有节约、环保意识，关注食品质量健康；富有敬业精神、奉献精神。			
工作学习资源	泛雅平台相关课程资源，焙烤食品生产企业、面包房等； 课程资源：1. 焙烤食品加工技术与设备；2. 食品质量与安全管理；3. 食品法律与法规。			
学徒工作学习组织管理计划	采用集中授课、企业培训、任务训练、岗位训练的多种形式，突出学生岗位技能与职业素养的培养。 **一、岗位训练学徒组织管理机构** 1. 企业是学徒岗位训练和专业核心能力训练教学工作的主体，为了加强岗位训练和专业核心能力训练工作的管理，成立岗位训练和专业核心能力训练工作小组，工作小组根据培养目标和模块设置确定岗位训练和专业核心能力训练模块内容，负责制定岗位训练和专业核心能力训练实施计划并组织实施。 2. 学徒岗位训练和专业核心能力训练工作小组组长由企业相关分管领导担任，副组长由办公室主任和学院相关系部主任担任，成员由企业相关部门负责人、工程技术人员、一线指导师傅及学院相关分院教师、相关职业技能指导教师组成。领导小组办公室设在企业办公室，由办公室主任负责，并配备适当工作人员。 3. 学徒开展岗位训练和专业核心能力训练过程中应配备具有一定专业素养和技能水平的指导师傅，指导师傅的遴选由岗位训练和专业核心能力训练工作小组负责，每个指导师傅所带学徒的数量控制在 2～5 人。			

续表

学徒工作学习组织管理计划	4. 为了加强学徒岗位训练和专业核心能力训练工作有效性，学院要组建一支由行业专家和相关职业工种技能培训教师组成的岗位训练和专业核心能力训练教学指导队伍，负责学徒训练过程的业务指导，并会同岗位训练和专业核心能力训练工作小组及时调整岗位训练和专业核心能力训练计划。 学徒在岗位训练和专业核心能力训练期间接受企业的技术指导，由学校和企业双重管理。 **二、岗位训练学徒管理** 1. 学徒应严格遵守企业的规章制度，服从管理，虚心向指导老师学习、请教，认真完成岗位职责。 2. 训练学徒必须按规定时间完成训练，如学徒中途无故擅自离开训练岗位，未完成训练者，或者在训练过程中违反安全生产操作规程并造成损失的不能获得岗位训练和专业核心能力训练的成绩。 **三、岗位训练学徒文档管理** 岗位训练和专业核心能力训练文件主要包括训练教学大纲、训练计划、训练教材、训练指导书、教学训练考核评分标准及各种过程记录文档和考核报告。
学徒考核评价方案	采用校、企、生三重管理考核综合评价的方法，具体内容从以下几个方面进行考核： 1. 学徒工作态度和工作业绩，以企业考核为主，学院和学徒考核为辅，（若企业考核成绩不合格，实习总成绩不合格）要求学徒在企业学习期间能吃苦耐劳、团结协作、服从管理、工作认真、敬业负责、主动学习、善于沟通交流，出色完成企业学徒工作任务，从学徒实习职业岗位工作质量完成情况进行考核。 2. 学习计划目标完成情况，以学院考核为主（学校评价和学徒自评），企业考核为辅。 （1）专业知识学习和业务技术钻研：学徒培训计划、自学计划、学徒工作情况、周记等完成情况进行评价。 （2）职业岗位能力掌握水平： ①以职业岗位技能考核成绩和技能实习报告为准，为校企指导教师双重指导考核。 ②选择生产实践中目前还未解决的问题，作为毕业论文的研究课题撰写开题报告，搜集素材。 3. 学徒实习自评分，要从实习的全过程进行评价。如实习工作态度和工作业绩；专业知识学习和业务技术钻研；职业岗位能力掌握水平等方面进行自评。
学徒岗位认证条件	1. 遵守企业的规章制度； 2. 能够完成企业分配的生产任务，经企业师傅考核成绩合格； 3. 完成学校学习阶段的学习任务，经校内指导教师考核成绩合格。

附录3 焙烤食品加工学徒师傅聘任标准与教学指导工作规范

第一部分　学徒师傅聘任标准

为深化落实推动教育部《关于委托开展职业教育现代学徒制理论研究与实践探索工作的通知》，以食品企业用人需求与岗位资格标准为服务目标，丰富中国特色职业教育体系内涵，并使食品智能加工技术专业的中国特色学徒制改革顺利开展并取得实效，确保企业师资水平能够满足焙烤食品智能加工技术的中国特色学徒制教学的需要，特制定本标准。

一、聘任对象

焙烤食品加工学徒制企业师傅的聘请对象主要是食品企事业单位中从事生产、技术、科研工作，经验丰富，德行俱佳的在职人员。

二、聘任条件

（一）对培养焙烤食品加工学生有充分热情，具有良好的政治思想素质和职业道德。

（二）具备丰富的处理问题能力，善于沟通和表达，掌握并灵活运用行业知识进行技能的传授和讲解能力。

（三）工作经历（工种）成绩突出，善于“传、帮、带”。近三年在企业生产工作中，没有违纪、违章、违规行为；年度优秀职工优先聘任。

（四）取得裱花技师、现烤技师等职业技能等级证书，或有生产独特专长的能工巧匠。

（五）接受过专门的企业导师内训。

（六）有制定、实施培训方案的能力，具备良好的语言表达能力和沟通交流能力。

（七）身体健康，心理健康，能坚持正常工作，男性60岁以下、女性50岁以下。

三、评聘程序

由企业各分公司先行推荐；

获得推选的师傅需填写《师傅申报认定表》由单位和合作院校共同审核；

经评审通过的师傅，发放聘书，聘期为三年，聘书加盖学院和企业公章。

四、奖励办法

对于师傅带徒弟期间表现优秀的人员给予精神奖励，由单位和学院统一发文表彰，颁发获奖证书。带徒弟认定为兼职教师工作量，按照学校统一标准进行发放。

将优秀师傅的评选获奖情况记入个人档案，作为晋职晋级的考核依据之一。

附件：《师傅申报认定表》

师傅申报认定表

No.

<table>
<tr><td>姓名</td><td></td><td>性别</td><td></td><td>年龄</td><td colspan="2"></td><td rowspan="3">照片</td></tr>
<tr><td colspan="2">工作单位</td><td colspan="2"></td><td>技术
职务资格</td><td></td><td></td></tr>
<tr><td colspan="2">通信地址</td><td colspan="3"></td><td>邮政编码</td><td></td></tr>
<tr><td colspan="2">邮箱</td><td colspan="2"></td><td colspan="2">最高学历、学位</td><td colspan="2"></td></tr>
<tr><td colspan="2">专业技术职称</td><td colspan="2"></td><td colspan="2">毕业学校及时间</td><td colspan="2"></td></tr>
<tr><td colspan="2">技术、专业特长</td><td colspan="2"></td><td colspan="2">现从事技术岗位</td><td colspan="2"></td></tr>
<tr><td colspan="2">拟担任师傅岗位</td><td>岗位一</td><td></td><td>岗位二</td><td></td><td>岗位三</td><td></td></tr>
<tr><td colspan="2">岗位工作经历</td><td colspan="6"></td></tr>
<tr><td colspan="2">工作业绩</td><td colspan="6"></td></tr>
<tr><td colspan="2">所在单位
推荐意见</td><td colspan="6">盖 章
年 月 日</td></tr>
<tr><td colspan="2">公司意见</td><td colspan="6">盖 章
年 月 日</td></tr>
<tr><td colspan="2">合作院系意见</td><td colspan="6">主任签字（单位代章）：</td></tr>
</table>

第二部分　学徒师傅教学指导工作规范

1. 认真做好对学徒的日常考勤和管理，加强职业道德、劳动纪律和企业文化等教育，培养文明守纪的良好习惯。

2. 负责指导学徒熟悉工作环境和防护设施，提高学生的自我保护能力，采取有效措施防止学徒在实习中受到伤害和发生安全事故。

3. 认真做好对学徒技能训练的指导和各技术环节的示范，使学徒尽快掌握实际操作技能，严格要求学徒，并经常进行提问、讲解与指导。

4. 认真听取学校和指导教师的意见，采取措施及时解决实习指导中存在的问题，不断提高实习质量。

5. 督促学生及时填写实习生手册，对学生的实习小结填写评语并签名。

6. 实行学徒实习信息通报制度，定期向学校、学生家长通报交流学生实习情况。

7. 配合学校和第三方评价机构，对学徒进行岗位评价考核。

8. 认真完成企业、学校交办的其他各项工作任务。

附录4 焙烤食品加工学徒岗学徒选拔标准与学习守则

焙烤食品加工学徒岗学徒选拔标准与学习守则

第一部分　企业学徒选拔标准

一、学徒选拔的基本原则

坚持“公平、公正、公开”的原则，做到选拔条件与考核内容公开、选拔经过公开、选拔结果公开，选拔优秀学徒入厂实践。

二、选拔程序

个人申请——学院审核——企业综合考核，确定人选——签订学徒协议。

三、焙烤食品加工学徒选拔标准

（1）思想品行端正，有良好的道德品质和文明的行为习惯；

（2）身体健康；

（3）善于表达沟通，有责任感和奉献精神；

（4）热爱食品加工事业，具有合作意识和团队精神；

（5）自愿参加，入选后同意参加学徒制培训。

第二部分　企业学徒学习守则

一、入职培训

（1）公司针对企业学徒在进入职业岗位工作之前必须开展入职培训。培训地点可选在学院或公司，重点就公司、部门基本情况、企业组织机构、管理文化、从事工作任务等中关于相关内容进行培训。

（2）公司为每位企业学徒学生指定一名入职引导人，进入职业岗位工作时，需指定一名企业技术专家或部门技术负责人为指导教师，指导学生工作、生活，完成职业岗位工作任务和学生学习计划。

二、员工纪律与行为规范

学徒作为企业准员工，按员工等同对待管理。

1. 公司员工基本守则

(1) 热爱公司，服务社会；

(2) 尊重他人，诚实守信；

(3) 用心做事，追求卓越；

(4) 不断进步，完善自我；

(5) 团结合作，坚持原则；

(6) 爱护公司财务，提倡勤俭节约；

(7) 严守公司机密；

(8) 保持环境卫生，注意个人仪表。

2. 公司考勤制度

作为公司的准员工，必须严格按公司规定的工作时间出勤。

(1) 每天须按时上下班，并按规定记录考勤。

(2) 因公外出或出差需由部门负责人签字认可。未请部门负责人签字的，视作旷工。旷工一天扣除当月浮动工资的10%或工资总额1/30，以此累加。

(3) 迟到（早退）10 min以内，按事假2 h处理；迟到（早退）10 min以上1 h以内，按事假半天理；迟到一小时以上，按事假一天处理。每月事假超过公司规定天数，按3天事假等同一天旷工处理。

(4) 连续无故旷工三日，公司将解除接受该学生顶岗实习的约定，并遣返回学院交由学院进行组织纪律处分。

(5) 一般情况不得请事假，特殊情况下，可填写请假单请部门负责人审批，审批后的请假单交人力资源部备案。事假超过3天的，还应经主管领导审批。事假获准后，应在离开工作岗位之前安排好工作。

(6) 请病假须于上班前或不晚于上班后30 min内通知你所在部门的负责人，并于病假后上班的第一天补办正式的请假手续：填写请假单，并附区（县）级以上医院出具的病休证明。

(7) 事假、病假期间，工资与奖金按当月实际出勤率计算。在一个月之内，如果事假超过三天或病假超过5天者，将不能参与当月津贴的分配。

(8) 上班期间如需外出办理公务，应事先向直接上级请示。

3. 工作风纪

(1) 公司鼓励员工间积极沟通交流，但不能因此妨碍工作。因此，办公期间应该坚守岗位，不要随意串岗聊天。需要暂时离开时，应知会同事。

（2）保持办公室的整齐、干净、卫生是每一位员工的责任。请不要在办公区域进食、吸烟、饮酒，如有发现，按公司规定给予警告、罚款处理。

（3）办公室是公司办公场所，有公司很重要的财物和信息资料。所有来访的客人必须由邀请人陪同方可进入；接待来访、业务洽谈应在洽谈室或会议室进行。

（4）不得浪费、损坏公司公物，或将公司公物占为己有，一经发现给予警告、罚款。

（5）外出公务或出差必须乘坐公司指定交通工具，并按规定标准住宿。不得乘坐非客运机动车如摩托车、三轮车等。

4. 礼仪仪表

从进入公司上班的第一天起，你的一言一行就代表着公司。因此，工作时保持整洁的外表是十分重要的，应注意遵守下列要求：

（1）工作期间，应保持精神振作、彬彬有礼、高效敏捷。

（2）上班时，应注意衣着整洁、大方、得体。男职员不可留长发、蓄胡须，女职员不可浓妆艳抹。公司有统一着装要求的，按具体着装规定执行。上班期间不得着装短裤、无袖装、超短裙、凉鞋、拖鞋等。

（3）同事间应相互尊重，互帮互爱，语言文明。

（4）对外交往应有礼有节，不卑不亢，礼貌大方，简朴务实。

5. 保密

由于竞争的存在以及对公司的责任，每个员工都有保守公司秘密的义务。这种保密的义务，不仅限于在公司工作的合同期内，而且还应注意无论是退休或离职后，都将承担这种义务。

（1）务必保管好所有的公司涉密文件。

（2）未经授权或批准，不得对外提供有机密的公司文件或其他未公开的经营状况、财务数据等。

（3）对非本人职权范围内的公司机密，应做到不打听、不猜测、不传播。

（4）发现了有可能涉密的现象应立即向有关上级报告。

三、企业学徒学生的工作与学习制度

1. 学徒在企业指导教师指导下直接上岗从事公司职业岗位工作。岗位工作等同于企业员工，顶岗实习学生不得提出特殊要求。

（1）学徒工作期间必须服从部门管理人员、班组长工作安排，严格按照技术规范要求开展职业岗位工作。对工作中不清楚的技术问题，要勤学、勤问、勤练，掌握后再上岗操作，保证工作质量，提高技术水平。

（2）遵守劳动纪律，反复操作训练，精确操作以提高劳动效率，高效高质完成岗位工作。

(3) 学徒有权拒绝与职业岗位无关工作，并积极主动与指导教师、上级领导反映、沟通。

2. 实习期间，学徒采用边工作边学习的工作导向和学习方法，学徒在已有知识技能的基础上，主要采用以下学习方法：

(1) 作为学徒，在企业指导教师指导下，通过反复工作训练，掌握职业岗位操作（原为“职业”）技能。学生要多与企业指导教师交流沟通、请教业务技术，注重学习指导教师分析问题、解决问题的思维方式、工作经验、公司人际关系等方面的知识。

(2) 充分利用公司业务技术培训的机会，学习业务技术。

(3) 利用业余时间，自学学院提供的技术指导手册、企业技术资料。根据生产中问题，通过各种信息渠道参阅学习相关知识、技术。

(4) 在学习、训练掌握职业岗位业务技术的同时，善于调研分析岗位业务技术，以及工作中存在的问题，通过研究，能够改进技术或管理程序、提高工作效率。

3. 学徒必须服从学校顶岗实习的统一安排，个人不得擅自调换企业和岗位。如确有问题须向学校指导教师提出申请，经批准后方可调换。

四、实习安全

1. 公司安全教育

公司对岗位实习学徒上岗前进行一次安全教育。

2. 意外人身伤害保险

公司为岗位实习学徒购买一份意外人身伤害保险。

3. 安全检查

公司定期在顶岗实习前、中、后期进行三次安全检查，重点就生活场所、工作场所安全、交通安全、饮食安全、学生日常行为等方面进行全面检查。并开展不定期抽查。

4. 处罚

(1) 公司对不注重岗位实习学徒安全的部门限期责令整改，并处以相应经济处罚。

(2) 公司对不听劝阻严重违反有关安全操作规定的岗位实习学徒，将其送返学院处理。